Abriß

der

Geologie von Bayern r.d.Rh.

in sechs Abteilungen.

Abteilung V:

Der geologische Aufbau des Fichtelgebirges und Oberpfälzer Waldes und der angrenzenden Gebiete.

Bearbeitet von

Adolf Wurm,

mit Beiträgen von

Lothar Reuter und **Heinrich Laubmann.**

Zugleich Erläuterungen zu Blatt V der Geologischen Übersichtskarte von Bayern r. d.Rh. 1:250000.
Herausgegeben von der Gesellschaft für Bayerische Landeskunde, mit Unterstützung der Geologischen Landesuntersuchung von Bayern, bearbeitet von Dr. Matth. Schuster

---

München 1924.

Verlag von R. Oldenbourg und Piloty & Loehle.

Zur Erinnerung an E. Weinschenk

Inhaltsübersicht.

Einleitung.

Der Darstellungsbereich der Abteilung V umfaßt ein Gebiet im NO.-Eck von Bayern, das im Süden etwa durch den Breitengrad von Amberg begrenzt wird, während sein westlicher Abschluß von dem zwischen Bad Steben und Naila hindurchziehenden Meridian gebildet ist. — So verhältnismäßig klein (verglichen mit den Darstellungsbereichen der übrigen Abteilungen) das hier zu besprechende Gebiet ist, so ist es doch von um so größerer geologischer Mannigfaltigkeit. An das alte kristallinische Gebiet des Oberpfälzer Waldes, des Fichtelgebirges, des Münchberger Gneisgebietes im Verein mit dem palaeozoischen[1]) Frankenwald stößt unvermittelt ein Gebiet mesozoischer[2]) Schichten an. Gleichwie deren Anlagerung an das alte Gebirge durch Bewegungen von Schollen der Erdrinde bewirkt ist, so ist das mesozoische Schichtenvorland auch in sich durch eine Anzahl von Verwerfungen zerstückelt und des einheitlichen geologischen und morphologischen[3]) Grundzuges beraubt. — Aber auch innerhalb des alten Gebirges herrscht eine durch geologische Verhältnisse und tektonische[4]) Vorgänge bedingte Zweigestaltigkeit. Dem Fichtelgebirge mit dem Frankenwald steht als ein selbständiges geologisch-morphologisches Element der Oberpfälzer Wald gegenüber. Um den vielgestaltigen Verhältnissen einigermaßen gerecht werden zu können, mußte eine Gliederung des Darstellungsbereiches in drei Gebiete vorgenommen werden. Sie sind: A. **Fichtelgebirge und Frankenwald**, B. **Oberpfälzer Wald**, C. **Die Sediment-Schollen im Westen des Oberpfälzer Waldes**. — Auch bei der Besprechung der drei Gebietsteile ließ sich da und dort eine Abweichung von dem Plan der sonst im „Abriß“ gebräuchlichen Darstellung nicht vermeiden.

Am Aufbau unseres Darstellungbereiches beteiligen sich:

Jüngere Bildungen: Alluvium und Diluvium (das Quartär);

das Deckgebirge: Tertiär mit jungvulkanischen-Eruptivgesteinen — Jura, Keuper, Muschelkalk und Buntsandstein (mesozoische Ablagerungen) — Perm (Rotliegendes) mit Quarzporphyr-Eruptivgesteinen, Karbon mit granitischen Eruptivmassengesteinen, Devon, Silur und Kambrium mit diabasischen und keratophyrischen Eruptivgesteinen (das Palaeozoikum vertretend);

das Grundgebirge: Kristallinische Schiefer (Gneise, Glimmerschiefer und Phyllite) mit alten granitischen und anderen vulkanischen Massengesteinen und körnigem Kalk.

---

[1]) Palaeozoisch, palaios, gr. = alt; zoon = Lebewesen (vgl. S. 8 Anm. 4).

[2]) Mesozoisch. mesos, gr. = mittel (vgl. S. 42, Tabelle).

[3]) Morphologisch, morphe, gr. = Gestalt; logos = Kunde.

[4]) Tektonisch, tektonikos, gr. = zum Bau gehörig (erg. der Lagerungsstörungen).

A. Fichtelgebirge und Frankenwald.

Von Regierungsgeologen, Privatdozenten **Dr. Adolf Wurm.**

I. Allgemeine Übersicht.

Das hier zu behandelnde Gebiet gehört verschiedenen Landschaftstypen an. Der Frankenwald im Norden ist ein Teil des Thüringisch-Fränkischen Schiefergebirges, das im Osten mit dem Vogtland zu einer geographischen Einheit verschmilzt. Im Südosten tritt der Frankenwald nicht unmittelbar an den Steilanstieg des Fichtelgebirges heran; hier schiebt sich das Gebiet der Münchberger Gneismasse ein. Über die wellige Hochfläche des Frankenwaldes erhebt sich der Döbra-Berg mit 795 m. Im Südosten der Gneismasse steigt als geschlossene Mauer das Fichtelgebirge empor. Geologisch ist es das Gebiet der großen Granit-Intrusionen[1]) und ihres kristallinen Rahmens.

Abb. 1.

Blick auf die Granitkuppen der Kösseine, des Schneeberges und Ochsenkopfes von Süden.

Zu Füßen der Granitkuppe des Steinwaldes im Vordergrunde breitet sich die Senke zwischen ihm und dem Kösseinemassiv aus.

Den Kern des Fichtelgebirges bildet der Zentralstock mit dem Ochsenkopf (1028 m) und dem Schneeberg (1051 m). Auf seinem Rücken entspringen der Weiße Main, die Naab und die Eger, Flüsse, die drei verschiedenen Stromgebieten zueilen. Vom Schneeberg löst sich ein breiter Gebirgsast nach SW zum Kösseinemassiv ab (Abb. 1). Nach Nordosten dacht sich das Gebirge allmählich

[1]) Intrusion, intrudere, lat. = hineindrängen (des Schmelzflusses in andere Gesteine).

über den Rudolphstein gegen Weissenstadt ab. Nördlich davon wölbt sich aber ein langgezogener Gebirgskamm auf, dem der Rücken des Waldsteins, der ruinengekrönte Epprechtstein und der Kornberg angehören. Dem Südrand des Fichtelgebirges folgt die große Talfurche der Fichtelnaab, Kösseine und Röslau. Durch diese Tiefenlinie vom Fichtelgebirge getrennt, hebt sich im Süden ein neuer Gebirgswall heraus. Dem Kösseinemassiv gegenüber steigt der Granitdom des Steinwaldes zu Höhen von 900 m auf. Nach Nordosten schließt sich ein basaltisches Mittelgebirge, der große und kleine Teuchelberg und der Reichsforst an. Mit den Quarzphyllitbergen des Kohlwaldes oder Siebenlindengebirges taucht dieser Gebirgszug im Tertiärbecken von Eger unter.

Frankenwald und Fichtelgebirge zeigen ihre schärfste Begrenzung im Südwesten. Hier brechen die Strukturen des alten Gebirges an einer tektonischen Linie, der Fichtelgebirgsrandspalte, am mesozoischen Vorland ab. Im Süden ziehen wir die Grenze, wo unter dem Phyllitmantel des Fichtelgebirges die höher kristallinen Gesteine des Oberpfälzer Waldes emportauchen. Im Nordosten, Norden und Nordwesten durchschneidet die politische Grenze ziemlich willkürlich eine Landschaft, die auch jenseits der Grenzpfähle eine natürliche Fortsetzung findet.

Fichtelgebirge und Frankenwald gehören dem Flußgebiet des Mains, der Saale und der Eger an. Ein kleiner Teil des Fichtelgebirges am SW.-Rand wird durch die Naab und ihre Zuflüsse entwässert, ein anderer am SO.-Rand durch die Wondreb.

Das Gebiet ist nicht eben reich an abbauwürdigen Bodenschätzen. Erzgänge und Erzlager sind wohl zahlreich vorhanden, aber der Bergbau ist wegen geringer Ergiebigkeit fast ganz zum Erliegen gekommen. Nur die Kupfererzlagerstätte von Kupferberg, die Schwefelkieslagerstätte von Pfaffenreuth und die Goldlagerstätte von Goldkronach stehen zur Zeit im Abbau. Eine wichtige Einnahmequelle für die Bevölkerung bietet aber die Steinindustrie, namentlich die Granitgewinnung im Fichtelgebirge. Größere wirtschaftliche Bedeutung haben auch die Specksteinvorkommen von Göpfersgrün und Thiersheim. Die Mineralquellen von Alexandersbad bei Wunsiedel, von Wiesau und Kondrau u. a. m. sind geschätzte Spenden des mineralhaltigen Bodens.

II. Formationsbeschreibung.

Das Grundgebirge.

Der kristalline Rahmen der Fichtelgebirgs-Granite.

Die Fichtelgebirgs-Granite sind von einem Mantel alter kristalliner Schiefergesteine umgeben, die sich petrographisch aus Gneisen, Glimmerschiefern und Phylliten zusammensetzen.

Die Gneise[1]) sind meist glimmerreiche Orthogneise mit Kalifeldspat (Orthoklas), wenig Natronkalkfeldspat (Oligoklas), Quarz, dunklem und hellem Glimmer als

[1]) g der geologischen Übersichtskarte (Blatt V). — Orthogneise, orthos, gr. = gerade, durch Kristallisations- und Gebirgsdruck aus eruptiven Massengesteinen (meist Graniten) entstandene Gneise. Ihnen stehen die Paragneise (para, gr. = neben) gegenüber, die aus Schicht- und anderen Gesteinen durch die Berührung mit dem schmelzflüssigen Massengestein entstanden sind. — Mischgneise entstehen durch Durchtränkung der Paragneise mit Schmelzflußanteilen. Näheres hierüber und über die allgemeine Beschaffenheit der Glimmerschiefer und Phyllite unterrichtet Abt. III, S. 9—14.

Hauptgemengteilen. Durch größere Ausscheidungen von Orthoklas, Mikroklin oder auch Quarz entstehen grobkörnige bis flaserige Augengneise.

Die Glimmerschiefer[1]) haben nur geringe Verbreitung; es sind normale Muskovitglimmerschiefer mit Muskovit (weißem Glimmer) und Quarz als Hauptgemengteilen. Sie sind metamorphe[2]) Sandsteine und Tonschiefer.

Weitaus den größten Anteil haben die Phyllite,[3]) dünnschiefrige, seidenglänzende Gesteine, die sich aus Quarz und Serizit zusammensetzen. Sie gehen an vielen Stellen in Quarzphyllite und Quarzitschiefer über. Auch graphitische Beimengungen sind lokal verbreitet. Sie stellen umgewandelte Tonschiefer dar.

Eine Sonderstellung nehmen die sogen. Phyllitgneise ein, die schon von J. Lehmann[4]) in seinen klassischen Untersuchungen über die kristallinen Schiefergesteine beschrieben wurden. Sie durchschwärmen den Phyllitmantel namentlich am W.-Abfall des Fichtelgebirges. Der Mineralbestand und die strukturellen Eigenschaften, u. a. mikropegmatitische[5]) Strukturen, deuten auf geschieferte Granite hin. Am Fürstenstein bei Brandholz enthalten die Phyllitgneise als Einschlüsse Bruchstücke kambrisch-silurischer Schiefer.

Verbreitung. Der Schiefermantel im Norden des Fichtelgebirgs-Zentralstockes.

Der Nordflügel des Fichtelgebirger Zentralgewölbes ist am vollständigsten in der fast 10 km breiten Schieferzone zwischen Rehau und Selb entwickelt. Hier streichen in breiten Bändern mit NW.-Einfallen glimmerreiche Schuppengneise, darüber Glimmerschiefer und Phyllite aus. Von S. nach N. macht sich namentlich in der Phyllitzone eine unverkennbare Abnahmein der Metamorphose bemerkbar.

Der Phyllitmantel im Westen des Zentralstockes ist reichlich mit Quarzphylliten und Phyllitgneisen durchsetzt. Er biegt im Süden um den Fichtelgebirger Zentralstock nach Osten und Nordosten um. Weitaus die wichtigsten Einlagerungen bilden zwei kristalline Kalkzüge, die gegen Nordosten, gegen die bayrisch-tschechische Grenze hin, langsam konvergieren. Der nördliche Zug beginnt bei Mehlmeisl, wird durch den Granitstock des Fichtelgebirges unterbrochen und setzt sich jenseits desselben über Tröstau, Wunsiedel, Thiersheim bis Hohenberg fort; der südliche nimmt am alten Gebirgsrand bei Unterwappenöst seinen Anfang und läßt sich mit Unterbrechungen über Pullenreuth, Waldershof, Redwitz, Arzberg bis Schirnding verfolgen. Petrographisch sind es vorherrschend weiße oder graulichweiße grobkörnige kristalline Marmore; feinkörnige Dolomite gesellen sich den Kalken bei. Kalksilikatfelse scheinen an einen besonderen Zug im Norden des Wunsiedler Kalkes gebunden zu sein. Außer den beiden großen Kalkzügen taucht bei Ebnath eine kleine Marmorschuppe mit Kalksilikatfels im Phyllit auf.

In Begleitung der Kalkzüge, aber auch im Phyllit, treten Hornblendegesteine auf, die sich zum Teil lagerartig zwischen die Kalke einschieben, zum Teil diskordant in vielfach gewundenen schmalen Gängen die Kalke durchbrechen.

---

[1]) gs der oben genannten Karte.

[2]) Metamorph, von Metamorphose, metamorphosis, gr. = Verwandlung in eine andere Gestalt (hier unter dem Einfluß von hohen Drucken und Temperaturen in großen Tiefen, bezw. der Nachbarschaft von großen Schmelzflußmassen).

[3]) Unter cb mit kambrischen Schichten auf der erwähnten Karte zusammengezogen. — Phyllite, phyllon, gr. = Blatt, blätterig spaltbare Gesteine; — Serizit, serikon, gr. = Seide, seidenartig glänzender weißer Glimmer (Muskovit).

[4]) J. Lehmann, Untersuchungen über die Entstehung der altkristallinischen Schiefergesteine mit bes. Bezugnahme auf das sächsische Granulitgebirge, Erzgebirge, Fichtelgebirge und Bayrisch-Böhmische Grenzgebirge. 1884.

[5]) Mikropegmatit, mikros, gr. = klein, pegnomi = grobfügen, rohbauen; mikroskopisch feine Verwachsung von Quarz und Feldspat.

Wunsiedler Bucht.

Von den granitischen Intrusionsmassen hufeisenförmig umschlossen, breitet sich nordwestlich Wunsiedel die Wunsiedler Bucht aus. Graue Orthogneise, oft stark zersetzt, herrschen hier vor. Durch Aufnahme von porphyrischen[1]) Feldspäten gehen sie in flaserige Augengneise über. Auf der Nußhardt, wo sie großartige Gipfelblockmeere bilden (Abb. 2), treten sie mit dem jüngeren Kristallgranit in Kontakt. Auch sedimentäre Einlagerungen fehlen nicht. Bei Biebersbach schaltet sich den Gneisen Quarzitschiefer und ein Lager von körnigem Kalk und Kalksilikatfels ein. Im Süden tauchen die Gneise unter dem Quarzitschieferzug der Schönbrunner Höhe zwischen Leupoldsdorf und Wunsiedel unter.

Über die Alterstellung des kristallinen Schiefermantels läßt sich wenig Bestimmtes aussagen. Die weniger metamorphen Phyllite schließen sich in der Zone Rehau-Schönwald den silurischen Phykodenschichten im Liegenden an, und man darf deshalb wohl annehmen, daß sie kambrische und algonkische Äquivalente enthalten.

Abb. 2.

Blockgipfel des Nußhardt.

Das Bild zeigt die wollsackartige Verwitterung von Orthogneisen und Graniten. Berühmt ist das Granitblockmeer der Luisenburg bei Wunsiedel.

Die Metamorphose scheint alt zu sein und steht jedenfalls in keinem ursächlichen Zusammenhang mit dem Empordringen der jüngeren Fichtelgebirgsgranite. Die Aufeinanderfolge Gneis, Glimmerschiefer, Phyllit ist nicht von der Entfernung vom Granit abhängig, sondern von stofflichen Verschiedenheiten der Ausgangsgesteine und der mehr oder weniger großen Tiefenlage, in der die Gesteine zur Umkristallisation gelangten.

Die Münchberger Gneismasse.[2])

Zwischen den granitischen Zentralstock des Fichtelgebirges und die palaeozoische Schiefermasse des Frankenwaldes schiebt sich die Münchberger Gneislinse ein.

---

[1]) Porphyrisch, von Porphyr (porphyreos, gr. = purpurfarbig). Im erweiterten Sinn durch „Einsprenglinge“, Kristallausscheidungen, gekennzeichnet, wie sie im Porphyr reichlich sind.

[2]) Vgl. auch die Literatur beim Abschnitt: Tektonik, S. 28.

Sie hat früh die Aufmerksamkeit bedeutender Geologen auf sich gezogen. Schon G. Bischof, A. Goldfuss und Fr. Hoffmann haben sich mit den eigenartigen Lagerungsverhältnissen an den Rändern der Gneismasse befaßt und später war dasselbe Problem Gegenstand einer ziemlich lebhaften Auseinandersetzung zwischen C. W. Gümbel und K. Naumann (vgl. S. 30).

In dem geologischen Werdegang der Münchberger Gneismasse müssen zwei Entwicklungsphasen unterschieden werden, der ursprüngliche Bildungsprozeß und die spätere tektonische Umgestaltung. Wenn wir zunächst von den tektonischen Veränderungen absehen, so stellt sich die Münchberger Gneismasse als ein altes Grundgebirge dar, in dem eruptive[1]) und sedimentäre Bestandteile innig miteinander verwoben sind. Den Hauptanteil an der Zusammensetzung der zentralen Gneismasse haben Glimmer- und Hornblendegneise. Die Glimmergneise dürfen wohl größtenteils als Orthogneise aufgefaßt werden. Hauptsächlich an den Rändern der Gneismasse erscheinen grobflaserige Augengneise, genetisch unzweifelhaft porphyrische Granite. Die Hornblendegneise gehören wohl größtenteils zu den Mischgneisen, sie sind das Produkt inniger Durchtränkung basischer Gesteine mit sauren Schmelzflüssen. Es entstehen typische Migmatite[2]) (Berneck). Der alte sedimentäre Schiefermantel ist in der zentralen Gneismasse nur noch spurenweise erhalten (Hornfelse: Roth bei Stammbach, Kalke: Ahornberg).

Den Gneisen sind basische Gesteine von höherem Alter eingelagert: Serpentine,[3]) Gabbros, Eklogite, Amphibolite. Ein Zug von Serpentinlinsen begleitet den NW.-Rand der Gneismasse. Mineralogisch berühmt durch schöne Bronziteinschlüsse ist die Serpentinkuppe des Paterleinsteins im Süden. Ältere Tiefengesteine von gabbroartigem Habitus sind von E. Düll[4]) als Gabbronorite[5]) beschrieben worden (vom Steinhügel bei Markt-Schorgast und Martinsreuth). Als Umwandlungsprodukte solch älterer Massengesteine faßt E. Düll die Eklogite und Granat- und Zoisitamphibolite auf. Der Eklogit, ein außerordentlich hartes und ob seiner Farbenpracht berühmtes Gestein, besteht petrographisch aus Granat, Omphacit, aus einer grünen Hornblende und einer ganzen Reihe akzessorischer[6]) Gemengteile wie Disthen, Zoisit, Klinozoisit, Muskovit etc. Die Eklogitvorkommen verteilen sich auf einen südwestlichen Zug, der bei Marktschorgast beginnt und im Bogen über Stammbach nach Marktleugast zieht und einen nordöstlichen Zug von Münchberg bis Eppenreuth. Dem südwestlichen Zug gehört die über die Gneishochfläche herausragende Eklogitkuppe des Weißensteins an.

---

[1]) Eruptiv, erumpere, lat. = hervorbrechen, auf vulkanische oder Schmelzflußgesteine bezüglich; sedimentär, sedimentum, lat. = Bodensatz, aus dem Wasser durch Niederschlag gebildet.

[2]) Migmatit, migma, gr. = Mischung, Mischgestein.

[3]) Serpentin, serpentinus, lat. = schlangenartig; Gabbro, oberitalienischer Lokalausdruck, ein Plagioklas-Augit-Tiefengestein von bestimmter Struktur. — Eklogit, ekloge, gr. = Auswahl, Granat-Hornblendegestein. — Amphibolit, amphibolos, gr. = zweideutig, Hornblendegestein.

[4]) E. Düll, Über die Eklogite des Münchberger Gneisgebiets. Ein Beitrag zur Kenntnis ihrer genetischen Verhältnisse. Geogn. Jahreshefte, XV. Bd., 1902, S. 65.

[5]) Norit, nach dem Volksstamm der Norer in den Alpen: Plagioklas-Orthaugit-Tiefengestein.

[6]) Akzessorisch, accessorium, lat. = hinzutretend.

Die Hülle der Eklogitlinsen bilden Feldspat-Zoisit-Amphibolite und diese Gesteine leiten über zu den echten Amphiboliten, die in der Gneismasse eine außerordentliche Verbreitung haben. Diese Amphibolite bilden namentlich auch am SW.- und SO.-Rand einen mehr oder minder breiten Saum von Kupferberg bis Gefrees. Zu größeren Komplexen schließen sich Hornblendeschiefer auch zwischen Marktleugast und Wüstenselbitz und am NO.-Rand bei Schwarzenbach a. S. und Moschendorf zusammen.

Alle diese basischen Gesteine sind von Aplit- und Pegmatitgängen[1]) der Gneisphase durchsetzt. Berühmt durch ihre Zoisitführung sind die Pegmatite im Eklogit des Weißensteins.

An einigen Stellen der Gneismasse tauchen granitische Gesteine von richtungslos gleichkörniger oder nur wenig ausgeprägter Parallelstruktur auf. Sie sind vielleicht mit den Lagergraniten des sächsischen Granulitgebirges auf eine Stufe zu stellen. Altbekannt ist das Vorkommen von Waickenreuth und Förstenreuth am Eisenberg.

Jüngere durchgreifende Granitstöcke fehlen in der Münchberger Gneismasse im Gegensatz zum Erz- und Granulitgebirge. Dagegen ist die Ganggefolgschaft dieser jüngeren Intrusionsphase vertreten durch Minetten[2]) und Mesodiabase.[3])

Die Gesteine der zentralen Gneismasse treten nun in einen gewissen Gegensatz zu einem ebenfalls metamorphen Schiefermantel an den Rändern, der sogen. Grünschieferzone, welche die Gneismasse im Südosten und Südwesten umsäumt. Sie ist durch eine Vergesellschaftung der verschiedensten Gesteine, Albit-Epidot-Amphibolschiefer, Chlorit-Epidotschiefer, Plagioklas-Amphibolite und Plagioklasgneise, Chloritschiefer, Serpentine, Talkschiefer, Phyllite und Quarzite charakterisiert. Die Grünschieferzone bleibt im Gegensatz zu den Randamphiboliten frei von granitischen Injektionen. An der Zusammensetzung der Grünschieferzone haben namentlich Serpentine einen wichtigen Anteil. Bei Zell erhebt sich der Serpentinstock des Haidbergs, an dem Alex. v. Humboldt zuerst die Erscheinung des Polarmagnetismus erkannt hat. In prächtigen Aufschlüssen ist der Serpentin an der Wojaleite bei Wurlitz entblößt. Für den Mineralogen bietet sich hier eine Fundgrube an schönen Mineralien: Topazolith, Prehnit, Klinozoisit, Magnetit, Opal. Im Serpentin der Wojaleite setzen stark kataklastisch[4]) veränderte Saussuritgabbros[5]) auf, manchmal schlierenartig mit dem Serpentin verbunden, manchmal scharf gangartig gegen ihn abgegrenzt. Eng mit den Serpentinen verknüpft erscheinen in der Randzone Talkschiefer und Topfsteine, d. s. weiche, feinschuppige Gemenge von Chlorit und Talk (Schwarzenbach a. S., Schwingen, Wiersberg). Die eigentlichen Grünschiefer sind petrographisch wechselnd zusammengesetzte Gesteine, die am

---

[1]) Aplit, haploos, gr. = einfach; Pegmatit, pegnomi, gr. = grobfügen, rohbauen. Jene sind feinkörnige, diese sehr grobkörnige, lichte Spaltungsgesteine von Graniten.

[2]) Minette, Ausdruck aus dem Französischen; dunkles Spaltungsprodukt von Graniten.

[3]) Mesodiabase, mesos, gr. = mittel; diabasis = Übergang; Diabase des Karbons und Perms.

[4]) Kataklastisch, kataklao, gr. = zerbrechen; nach der Verfestigung mikroskopisch zerbrochen.

[5]) Saussuritgabbro; H. B. de Saussure, franz. Mineraloge und Geologe († 1799); Saussurit = Umwandlungsprodukt des Feldspats; Gabbro (Anm. 3 S. 6; vgl. Abt. III, S. 18).

meisten verbreiteten Typen sind Albit-Epidot-Amphibolschiefer, Gesteine, die sich genetisch wohl von Diabasen und Diabastuffen ableiten.

Als Kontaktprodukte[1]) der Gneismasse hat man lange Zeit sogenannte Schäckschiefer angesehen, die in deren Umrandung mehrmals sich wiederholende Einlagerungen in roten und gelben Schiefern und Quarziten bilden. Diese meist sehr dichten Kieselschiefer sind im Gegensatz zu den dunkelgefleckten Andalusit-führenden Schiefern am Granitkontakt des Fichtelgebirges durch helle Flecken ausgezeichnet[2]) und stehen in keiner genetischen Beziehung zur Gneismasse. Sie dürften am wahrscheinlichsten als porphyroidartige[3]) Tuffe saurer Eruptivgesteine zu deuten sein.

Anhangsweise sei hier der Orthogneis von Hirschberg a. d. Saale erwähnt, der etwas auf bayerisches Gebiet übergreift. Er soll einen flachen Lagergang innerhalb der Phykodenschichten bilden.

Das Deckgebirge.

Palaeozoische Bildungen.[4])

Das Kambrium.[5])

Die Kartierung, die von der bayrischen geologischen Landesuntersuchung im Frankenwalde durchgeführt wird, hat zur Entdeckung von fossilführenden Schichten des Mittelkambriums geführt[6]). Es ist dies das erste Vorkommen von Mittelkambrium oder *Paradoxides*-Schichten in Deutschland. Das Mittelkambrium zieht sich als schmales Band von Wildenstein bis südlich Premeusl hin. Der petrographischen Beschaffenheit nach besteht es aus Grauwackenquarziten, quarzitischen Sandsteinen und quarzitischen Tonschiefern. *Paradoxides spinosus* Brogn., eine Hauptleitform des böhmischen Kambriums, ist auch im Frankenwald vertreten, daneben eine Reihe von anderen Trilobiten,[7]) darunter die Gattung *Ptychoparia* und *Agraulos*. Die Begleitfauna besteht aus Conularien, Hyolithen und Brachiopoden.[8])

Das Silur.[9])

A. Untersilur.

Das Untersilur im Norden Bayerns gliedert sich in folgende Abteilungen (von unten nach oben): Leimitzschiefer — Phykodenschichten — Unterer Thuringithorizont — Untere Schiefer (Griffelschiefer) — Oberer Thuringithorizont — Hauptquarzit — Obere Schiefer (Lederschiefer).

---

[1]) Kontakt, contactus, lat. = Berührung. Kontaktprodukte sind Mineralien, die unter der Einwirkung eines Eruptivgesteins im Nebengestein entstanden sind.

[2]) Vgl. Matth. Schuster in E. Kohler, Über den geologischen Aufbau der Münchberger Gneisinsel. Geogn. Jahresh., 27. Jahrg. 1914, S. 27.

[3]) Porphyroid = druckgeschieferter Porphyr.

[4]) Palaeozoisch, Palaeozoikum, palaios, gr. = alt; zoon = Lebewesen. Das Palaeozoikum umfaßt die Formationen des Kambriums, Silurs, Devons, Karbons und Perms.

[5]) cb auf der geologischen Übersichtskarte (Blatt V). Kambrium, Cambria, lat. = alter Name für Wales.

[6]) A. Wurm, Über ein Vorkommen von Mittelkambrium (Paradoxidesstufe) aus dem Frankenwald. Geogn. Jahresh. 1924.

[7]) Trilobiten, trilobos, gr. = dreilappig, Ordnung der Crustaceen.

[8]) Brachiopoden, brachium, lat. = Arm, pous, gr. = Fuß, Klasse der Mollusken (Armkiemer).

[9]) In der geologischen Übersichtskarte mit S eingetragen. — Silur, von den Silurern, einem keltischen Volksstamm in Wales.

Leimitzschiefer (Tremadoc = tiefstes Untersilur). Bei dem Dorfe Leimitz östlich von Hof und am Schellenberg westlich dieser Stadt tauchen lichtgraue bis gelblichgraue glimmerige Tonschiefer auf, die durch ihre Fauna große Berühmtheit erlangt haben. Der Fossilinhalt der Leimitzfauna besteht aus Trilobiten, Brachiopoden, Pteropoden und Echinodermen. Die Fauna hat in J. Barrande[1]) ihren ersten Bearbeiter gefunden. W. Brögger[2]) hat die nahen Beziehungen der Leimitzfauna zu der Fauna der Ceratopygeschichten Skandinaviens und der englischen Tremadocfauna erkannt. Nach J. F. Pompeckj[3]) setzt sich die Leimitzfauna aus dreierlei Faunengruppen zusammen: 1. aus Ausläufern typisch kambrischer Gattungen *Olenus, Dikelocephalina,* 2. aus selbständigen Formen *Euloma, Bavarilla, Lichapyge,* 3. aus solchen, welche zwar noch ins Silur hineinreichen, dort aber bald erlöschen: *Niobe, Amphion, Macrosystella.*

Phykodenschichten.[4]) Die Phykodenschichten wurden früher dem oberen Kambrium zugeteilt. Nachdem aber in ihnen in Thüringen eine ganze Reihe von völlig unzweifelhaft silurischen Trilobitenresten gefunden wurde, kann an dem tiefsilurischen Alter der Phykodenschichten kein Zweifel mehr bestehen. Damit taucht allerdings die schwierige Frage auf, wo nach unten gegen die mächtigen Phyllitmassen im Liegenden eine Grenze gezogen werden soll. Was man als typische Phykodenschichten bezeichnet, sind mattschimmernde, grünlichgraue Tonschiefer, die meist flaserig-wulstig, seltener eben spalten. Im Hangenden der Schichtserie stellt sich manchmal ein dünnplattiger Quarzit ein. Diese höheren Schichten führen die Leitversteinerung *Phycodes circinatum* Richt., deren systematische Stellung zwar unsicher ist, an deren organischer Natur aber kein Zweifel besteht. An Eruptivgesteinen trifft man in den Phykodenschichten Einlagerungen von porphyrischen Diabasen.[5])

Hauptverbreitungsgebiete von Phykodenschichten sind: die Gegend von Rehau, der Rand des alten Gebirges bei Goldkronach, der Hirschberg-Gefeller Sattel, der südliche Ausläufer des Ostthüringer Hauptsattels bei Lichtenberg und schließlich die Aufwölbung des Frankenwälder Quersattels bei Lauenstein.

Unterer Thuringithorizont. An der Grenze von Phykodenschichten und „unterem" Schiefer schaltet sich in Thüringen und in den angrenzenden bayerischen Gebieten ein meist nur 1 bis 2 m mächtiger Erzhorizont ein, der petrographisch durch ein wasserhaltiges tonerdereiches Eisenoxydoxydulsilikat, den Thuringit, gekennzeichnet ist. Ein wichtiges Begleitmineral der thuringitischen Eisenerze ist Magnetit, der sich zusammen mit dem Thuringit vielfach an dem Aufbau von Oolithen[6]) beteiligt. Schon seit alters bekannt und durch seine Fossilführung berühmt ist das Thuringitvorkommen auf der Höhe des Leuchtholzes. Es ist ein

[1]) J. Barrande, Silurische Fauna aus der Umgebung von Hof in Bayern. Neues Jahrb. f. Min. 1868, S 641.

[2]) W. Brögger, Die silurischen Etagen 2 und 3 im Kristianiagebiet und auf Ecker etc. Kristiania 1882.

[3]) J. F. Pompecky, Ein neuentdecktes Vorkommen von Tremadoc-Fossilien bei Hof. 1. Ber. d. nordoberfränkischen Vereins für Naturgeschichte und Landeskunde. 1896, S. 89.

[4]) Phykoden, phykos, gr. = Alge.

[5]) Worterklärung, S. 7 Anm. 3.

[6]) Oolith, oon, gr. = Ei; lithos = Stein, auch Rogenstein genannt; aufgebaut aus konzentrisch schaligen Kügelchen von Kalk oder Eisenverbindungen.

thuringitischer Magneteisenquarzit, der in einer Bank massenhaft schlecht erhaltene Steinkerne einer *Orthis* enthält.

Der untere Schiefer. Der untere Schiefer ist ein milder, graublauer Tonschiefer, der im Gegensatz zum oberen Schiefer fast frei von makroskopisch sichtbaren Glimmerblättchen bleibt. Meistens ist er durch eine ebenflächige Spaltbarkeit ausgezeichnet, selten zeigt er auf bayerischem Gebiet griffelige Absonderung (Ebersdorf). Wo er genügend Spaltbarkeit besitzt, kann er auch als Dachschiefer Verwendung finden (Tiefengrün). Auf bayerischem Gebiet sind bisher keine Versteinerungen gefunden worden, wohl aber in Thüringen eine ganze Reihe von Trilobiten, die das untersilurische Alter beweisen.

Oberer Erzhorizont. Zwischen unterem Schiefer und Hauptquarzit schaltet sich der obere Thuringithorizont ein. Ihm gehört das Vorkommen vom Erzengel bei Bruck an, auf dem im 18. Jahrhundert ein Bergbau umging.

Hauptquarzit. Über dem oberen Erzhorizont folgt der Hauptquarzit, ein reichlich Glimmer führender dünnplattiger oder massiger Sandstein von blaugrauer, verwittert gelblichgrauer Farbe. Außer quer zur Schichtung verlaufenden hufeisenförmig gebogenen Stengeln, vielleicht Ausfüllungen von Wurmröhren, sind Versteinerungen nicht beobachtet.

Oberer Schiefer (Lederschiefer). Der obere Schiefer unterscheidet sich vom unteren durch gröberes Korn und rauhere feinsandige Beschaffenheit, vor allem aber durch den Reichtum an Glimmerblättchen. Das Gestein verwittert manchmal fleckig, lederartig bräunlich (Lederschiefer). Der obere Schiefer führt nicht selten mohn- bis erbsengroße Einschlüsse von karbonathaltigem Quarzit, die manchmal auch größer werden und die Form kantengerundeter Gerölle annehmen (Geröll-tonschiefer E. Zimmermanns). Fossilien finden sich durchweg nur in diesen Geröllen, also auf sekundärer Lagerstätte. Auf bayerischem Gebiete ist bei Neuhüttendorf (unfern Lauenstein) eine *Cystidee* gefunden worden.

Das Hauptverbreitungsgebiet der eben besprochenen Fazies[1]) des Untersilurs liegt in dem Hügelland, welches das südliche Saaleufer von Joditz im Osten bis Blankenberg im Westen begleitet. Weiter im Süden ist das Untersilur sehr dürftig entwickelt oder scheint überhaupt ganz zu fehlen.

B. Obersilur.

Das Obersilur tritt in Nordbayern wie in Thüringen in jener weltweit verbreiteten Entwicklung auf, die man als Graptolithenfazies[2]) bezeichnet hat. Petrographisch ist sie gekennzeichnet durch kohlige Tonschiefer und schwarze Kieselschiefer, faunistisch durch eine auffallende Einförmigkeit des Fossilinhalts, in dem Graptolithen bei weitem vorherrschen.

Gliederung. Im Anschluß an R. Hundt[3]) unterscheiden wir einen liegenden Kieselschieferhorizont, entsprechend den Lapworth'schen Zonen 10—14, und einen hangenden Alaunschieferhorizont mit örtlichen Einlagerungen von Kalken, entsprechend den Zonen 15—20.

---

[1]) Fazies, facies, lat. = Gesicht; jeweilig verschiedene Ausbildungsform von gleichzeitig entstandenen Gesteinen infolge verschiedener Entstehungsbedingungen.

[2]) Graptolithen, graptos, gr. = geschrieben, lithos = Stein, zartgezeichnete Versteinerungen koloniebildender Hydrozoen.

[3]) R. Hundt, Die Gliederung des Thüringer Silurs. Geologisches Archiv 1923, S. 311.

Kieselschieferhorizont.

Den Kieselschiefern kommt in der versteinerungsarmen Schichtfolge des Frankenwaldes eine besondere Bedeutung zu, da sie an ihrer petrographischen Beschaffenheit wie an ihrer Fossilführung leicht zu erkennen sind. Die Mächtigkeit ist gering, 15—20 m. Neben Kieselschiefern nehmen untergeordnet am Aufbau der Schichtfolge auch schwarze Alaunschiefer teil, die meist reichlich fein verteilten Pyrit oder Markasit führen. Der Gehalt an Schwefeleisen hat früher vielfach zum Abbau dieser Alaunschiefer zwecks Herstellung von Vitriol Anlaß gegeben (Ludwigsstadt, Steben etc.). Weniger die Kieselschiefer als die weichen, tonigen Zwischenlagen der Alaunschiefer sind erfüllt von eigenartigen, laubsägeblattförmigen Versteinerungen, den Graptolithen. Meist liegen sie plattgedrückt in den Schiefern, nur selten sind sie körperlich erhalten. Die wichtigsten Formen des Kieselschieferhorizontes sind nach den Bestimmungen von R. Hundt folgende: *Monograptus Becki* Barr. — *Monograptus proteus* Barr. — *Monograptus priodon* Bronn. — *Rastrites Linnaei* Barr. — *Climacograptus scalaris* Hising. — *Diplograptus palmeus* Barr.

Außer Graptolithen beschränkt sich der Fossilinhalt auf Radiolarien,[1]) die in zierlichen Skeletten den Kieselschiefer erfüllen. Der Reichtum an Radiolarien läßt keinen Zweifel, daß der Kieselschiefer seinen Entstehungsbedingungen nach biogener Natur ist.

Verbreitung. Der obersilurische Kieselschiefer ist so verbreitet im Frankenwald, daß von den vielen Einzelvorkommen hier nur einige wenige genannt sein sollen: bei Leimitz unfern Hof, am Rauenberg bei Pillmersreuth, bei Schwarzenbach am Wald (in Steinbrüchen aufgeschlossen).

Kalkige Einlagerungen im Obersilur.

a) Ockerkalk.

Im Hangenden der basalen Kieselschiefer folgen meistens kohlige Alaunschiefer. Nur an wenigen Stellen werden gewisse Zonen der Alaunschiefer durch eine kalkige Fazies vertreten, den sogen. Ockerkalk. Auf bayrischem Gebiet kommt dieser Ockerkalk nur in der Ludwigstadter und Stebener Gegend zur Ausbildung. Es ist ein grauer Knollenkalk, der von Tonschieferhäuten durchflasert ist. Die Kalkknollen führen Eisenkarbonat und verwittern ockerig (daher der Name Ockerkalk). An Versteinerungen ist der Ockerkalk sehr arm. Außer Crinoidenstielgliedern[2]) findet sich nur selten einmal ein Orthoceras.

b) Orthoceratenkalk.[3])

Im Süden des bayrischen Frankenwaldes fehlt der Obersilurkalk in der gewöhnlichen fossilarmen Fazies des Ockerkalkes. Es ist nun palaeogeographisch[4]) merkwürdig, daß im Herzen des Frankenwaldes bei Elbersreuth ein obersilurischer Kalk in einer fossilreichen Fazies auftaucht, die faunistisch an die E_2-Kalke Böhmens erinnert, der sog. Orthoceratenkalk. Dieser Elbersreuther Kalk wurde von C. W. Gümbel irrtümlicherweise ins Devon gestellt zusammen mit dem Clymenien-

---

[1]) Radiolarien, radiolus, lat. = kleiner Strahl; Ordnung der Protozoen mit strahligen Kieselskeletten.

[2]) Crinoiden, krinos, gr. = Lilie, eidos = Aussehen; Klasse der Pelmatozoen oder Seelilien.

[3]) Orthoceraten, orthos, gr. = gerade, keras = Horn; Familie der Nautiliden mit gerader oder gebogener Schale.

[4]) Palaeogeographie, palaios, gr. = alt; ge = Erde; graphein = beschreiben; Geographie früherer Erdzustände.

kalk von Schübelhammer. F. FRECH[1]) hat zum erstenmal im Jahre 1894 auf die Sonderstellung des Elbersreuther Kalkes hingewiesen und sein obersilurisches Alter erkannt. Der Fossilinhalt ist außerordentlich reichhaltig und umfaßt neben Orthoceraten, die besonders häufig sind und in Riesenformen auftreten, Trilobiten und Palaeoconchen. Eine ganze Reihe von Arten findet sich auch in Böhmen und in den Orthoceraten-Kalken der Karnischen Alpen wieder, so z. B. *Cheirurus propinquus* MSTR. sp., *Acidaspis gibbosa* MSTR. sp., *Harpes franconicus* GÜMB., *Cardiola cornu copiae* GOLDF.

Petrographisch ist der Elbersreuther Silurkalk ein dichter hell- bis dunkelgrauer Kalk mit charakteristischer roter Tüpfelung, die ihn von dem grauen Devonkalk am Schübelhammer gut unterscheidet. Das Vorkommen des Orthoceratenkalkes ist auf die Umgebung von Elbersreuth beschränkt. Daß er früher in größerer Ausdehnung vorhanden gewesen sein muß, unterliegt gar keinem Zweifel. Eine Fauna von solchem Formenreichtum kann nicht auf so eng umgrenztem Raum zusammengedrängt gelebt haben.

Alaunschiefer des Obersilurs.

In weitaus dem größten Teil des bayrischen Frankenwaldes fehlt der Ockerkalk, bezw. der Orthoceratenkalk und über den Kieselschiefern folgen unmittelbar dünnschieferige, kohlig abfärbende Alaunschiefer. Die Mächtigkeit der ganzen Zone dürfte 5 m nicht überschreiten. Bezeichnend für diese Alaunschiefer ist häufig ein Phosphoritgehalt, der sich in kleinen Knollen konzentriert. (Vogelherd b. Hof.) Die Fauna besteht ebenso wie die der liegenden Kieselschiefer aus Graptolithen und zwar aus folgenden Formen (nach Bestimmungen von R. HUNDT): *Retiolites Geinitzianus* BARR., *Monograptus riccartonensis* LAPW., *Monograptus bohemicus* BARR., *Monograptus colonus* BARR., *Monograptus Nilssoni* BARR. Gute Fundstellen in diesen Schichten liegen am Katzenwich bei Ebersdorf, bei Steben, am Vogelherd bei Hof und bei Tannenreuth am SO-Rand der Münchberger Gneismasse.

Das Devon.[2])

TH. LIEBE[3]) hatte schon im Jahre 1881 erkannt, daß in Thüringen das Devon übergreifend auf älteren Schichten liegt und ein Teil des Silurs durch Abtragung zerstört worden sei. Spätere Untersuchungen von H. LORETZ, E. WEISE, E. ZIMMERMANN, EM. KAISER[4]) und K. WALTHER sind zu gleichen Ergebnissen gelangt. Es ist also eine Lücke in der Sedimentation verhanden, die zeitlich ins Unterdevon fällt. Diese stratigraphische Beobachtung wird durch den faunistischen Nachweis bestätigt, daß der Fossilinhalt der tiefsten Devonschichten in Thüringen und Bayern nahe Beziehungen zum rheinischen und böhmischen Mitteldevon aufweist. Das Unterdevon fehlt also, zur Unterdevonzeit lag das nordbayrische Gebiet trocken. Erst mit Beginn des Mitteldevons setzte eine marine Transgression[5]) ein, die sich auch in andern Gebieten, namentlich im Osten Europas, bemerkbar macht und dort viel größere regionale[6]) Bedeutung erlangt.

[1]) F. FRECH, Die Karnischen Alpen 1894.

[2]) dv der geologischen Übersichtskarte (Blatt V).

[3]) TH. LIEBE, Die Seebedeckungen Ostthüringens. Programm des fürstl. Gymnasiums zu Gera 1881.

[4]) E. KAYSER, Über das Alter der Thüringer Tentakuliten- und Nereïtenschichten. Zeitschr. der deutsch. geolog. Ges. 1894, Bd. 46, S. 823.

[5]) Transgression, transgredior, lat. = überschreiten, Überflutung des Festlandes durch das Meer.

[6]) Regional, regio, lat. = Land; größere Teile der Erdoberfläche betreffend.

A. Mitteldevon.

Tentakuliten[1])-Nereïtenschichten. Die devonischen Ablagerungen im Frankenwald beginnen mit blaugrauen, milden Tonschiefern, denen stellenweise dünne Lagen eines feinkörnigen glimmerreichen Quarzits eingeschaltet sind. Die Fossilführung ist auf bayrischem Gebiet recht eintönig. Nur jene winzigen nadelspitzenähnlichen Molluskenschälchen, die Styliolinen[2]) und Tentakuliten, finden sich in den Tonschiefern oft in ungeheurem Individuenreichtum vor (Tentakulitenschiefer). Auf den Schichtflächen der Tonschiefer und der Quarzite treten schlangenförmig gewundene regelmäßig gelappte Kriechspuren, vielleicht von Würmern herrührend, auf, die man als Nereïten[3]) bezeichnet hat.

Unmittelbar oder sehr nahe an der Basis der Tentakulitenschiefer stellt sich an einigen Orten ein Kalkgehalt ein und die Tentakulitenschiefer gehen durch Aufnahme von Kalkknollen in einen Kalkknollenschiefer über, den sogen. Tentakulitenkalk. Die Gesamtmächtigkeit der Sedimentfazies des Mitteldevons dürfte 150—200 m betragen. Dazu kommen noch Diabase von körniger Struktur, die an zahlreichen Stellen mächtige Einlagerungen bilden.

Verbreitung. Das Vorkommen des Kalkknollenschiefers ist fast ganz auf den nördlichen Frankenwald beschränkt. Größere Verbreitung hat er in der Ludwigstadter Gegend, bei Steben und Selbitz. Der Tentakulitenschiefer ist in fossilreicher Ausbildung in der südlichen Umrandung der Gräfenthaler Siluraufwölbung entwickelt bei Ebersdorf, Ludwigstadt, Ottendorf. Auch in dem großen Diabasgebiet von Steben tauchen diese Schiefer auf. Am Nordwestrand der Münchberger Gneismasse erscheinen sie bei Naila, Selbitz, im Steinachtal im sogen. Kessel, am Südostrand bei Tannenreuth, Metzlersreuth, Bärenreuth. Ein größeres Verbreitungsgebiet liegt ferner noch im Norden von Hof in der Gegend von Trogen und Unterkotzau.

Döbrasandstein. Jm Nordwesten der Münchberger Gneismasse in einer Zone, die von Schwarzenbach a. W. südwestlich zieht, scheint das Mitteldevon in seiner gewöhnlichen Ausbildung als Tentakuliten-führende Tonschiefer ganz oder fast ganz zu fehlen. In unmittelbarem Anschluß an die obersilurischen Kieselschiefer stellt sich ein feinkörniger gelber Sandstein ein, den C. W. Gümbel wegen seines Hauptvorkommens am Döbraberg als Döbrasandstein bezeichnet hat. Charakteristisch ist sein hackiger knolliger Bruch und sein durch Eisen- und Manganflecken marmoriertes Aussehen. Bisher ist es nicht gelungen, Fossilien im Döbrasandsteine aufzufinden. Er stellt eine gröberklastische[4]) Fazies des Mitteldevons dar, die ihre Entstehung einem Hebungszentrum, vielleicht einer inselartigen Aufragung verdankt. In deren Umkreis wurde die tonige Normalfazies durch eine sandige verdrängt

B. Oberdevon.

Die Arbeiten A. Denckmanns und R. Wedekinds im rheinischen Schiefergebirge haben die Grundlagen geschaffen für eine exakte Gliederung des deutschen Oberdevons. Auf ihnen fußend und sie weiter ausbauend hat O. H. Schindewolf[5])

[1]) Tentaculiten, tentaculum, lat. = Fühler; konische Kalkröhren von Pteropoden (Flossenfüßler)

[2]) Styliolinen, stylos, gr. = Säule, wegen der konisch spitz zulaufenden Form der Gebilde.

[3]) Nereïten von Nereus, einem altmythologischen Meeresgotte.

[4]) Klastisch, klao, gr. = zerbrechen; aus Bruchstücken anderer Gesteine bestehend.

[5]) O. H. Schindewolf, Beiträge zur Kenntnis des Palaeozoikums in Oberfranken, Ostthüringen und dem Sächsischen Vogtland. I. Stratigraphie und Ammoneenfauna von Hof a. S. N. Jahrb. f. Min. Beil. Bd. XLIX. 1923. S. 250—507.

eine stratigraphische Analyse des Frankenwalder Oberdevons durchgeführt. Dabei hat sich eine überraschende Übereinstimmung in der Ausbildung und Aufeinanderfolge oberdevonischer Fossilhorizonte mit solchen des Rheinlandes herausgestellt. Wie im rheinischen Gebirge läßt sich im Frankenwald das Oberdevon von unten nach oben in folgende fünf Stufen einteilen: 1. Manticocerasstufe, 2. Cheilocerasstufe, 3. Prolobitesstufe, 4. Postprolobitesstufe, 5. Laevigitesstufe, dazu kommt als 6. die von O. H. SCHINDEWOLF neu aufgestellte Gattendorfiastufe.

Petrographisch setzt sich das Oberdevon aus Kalken und Schiefern zusammen. Das charakteristische Leitgestein des Oberdevons sind die sogen. Kramenzel-[1]) oder Flaserkalke, graue oder rötlich geflammte Kalke, die netzartig von Tonschieferflasern durchzogen werden. Die Flaserstruktur ist primär bei der Sedimentation erworben.

1. Manticoceras-Stufe (I α—δ).

a) Korallen-Brachiopodenfazies (α—β).

Das tiefste Oberdevon ist hauptsächlich in eruptiver Fazies entwickelt als mächtige Ströme von dichten Diabasen und Mandelsteindiabasen,[2]) als Tuffe, als tuffige Tonschiefer, als Grauwacken und als Tonschiefer. Paläontologisch charakterisiert ist diese Stufe durch eine kleine Fauna, die hauptsächlich aus Korallen und Brachiopoden besteht und an tuffige Grauwacken und Sandsteine, zum Teil auch an Kalke gebunden ist. Sie ist von verschiedenen Stellen des Frankenwaldes aus der Umgebung von Hof (Katzenbühl, Teufelsberg), von Räumlas, von Bernstein bekannt geworden. Die Haupttypen dieser Fauna sind *Spirifer Verneuili* MURCH. — *Atrypa reticularis* L. — *Phillipsatraea ananas* GOLDF. sp. — *Favosites* cf. *cristatus* BLUMENB. sp. — *Petraia* sp.

Die Fauna stimmt ihrer Zusammensetzung nach völlig mit der des Iberger Korallenkalkes im Harz und der Dillmulde überein. Petrographisch und faunistisch analoge Ablagerungen sind die Planschwitzer Tuffe des Vogtlandes.

b) Cephalopodenfazies (γ—δ).

O. H. SCHINDEWOLF ist es gelungen, die Manticocerasstufe in der Cephalopodenfazies,[3]) die in Ostthüringen seit langem bekannt ist, auch im bayerischen Frankenwald nachzuweisen. Ausgangspunkte von O. H. SCHINDEWOLFS Untersuchungen waren die Schicht-Profile am Kühberg und an der Ruine Nordeck im Steinachtal. Über einer mächtigen Folge von Schalsteinen[4]) liegt hier eine Kalkplatte, in deren liegendem Teil die Zonen I γ und I δ mit der charakteristischen Manticoceraten-Fauna enthalten sind. Die kleine Fauna der liegenden Zone I γ führt die charakteristischen Leitformen *Manticoceras cordatum* SDBG. sp. und *Manticoceras asulcatum* SCHDWF., die hangende Zone I γ *Manticoceras crassum* WDKD. und *Crickites Holzapfeli* WDKD. An der Ruine Nordeck ist die I δ-Fauna an tiefschwarz gefärbte Bänke gebunden, die vollständig mit den sogen. Kellwasserkalken des Harzes und des Rheinischen Schiefergebirges übereinstimmen.

Eisensteinlager. Im Schichtverbande des tieferen Oberdevons treten in der Stadtsteinacher und der Stebener Gegend wenig mächtige Roteisensteinlager auf. Charakteristisch für diese Erze ist, daß sie fast immer an Schalsteine gebunden sind. Sie gleichen sehr ähnlichen Vorkommen im Nassauischen und im Harz; ihr stratigraphisches Niveau ist aber von dem der Lahnerze verschieden. Die Erze sind stark kieselig und bei ihrer geringen Mächtigkeit kaum von praktischer

[1]) Kramenzel = Ameise.

[2]) Mandelstein, blasenreiches Eruptivgestein, mit mineralerfüllten Blasenhohlräumen (Mandeln). — Tuffe, tofus (lat.) sind Trümmergesteine aus vulkanischer Asche und Eruptivgesteinsbrocken. — Grauwacken (aus der Bergmannssprache) sind graue palaeozoische Sandsteine mit eingeschlossenen Gesteinstrümmern.

[3]) Cephalopoden, kephale, gr. = Kopf, pous = Fuß; Klasse der Mollusken. Hier sind sie durch die ältesten Primitivformen der Ammoniten oder Ammoneen vertreten, die Goniatiten.

[4]) Schalsteine sind Diabastuffe, mit sedimentärem Material vermengt.

Bedeutung. Nur das Roteisensteinlager von Langenbach[1]) bei Steben ist im Weltkrieg abgebaut worden.

Vulkanismus. Mit dem unteren Oberdevon fällt wohl der Höhepunkt des palaeozoischen Vulkanismus zusammen. Wie die marinen Organismen in den Schalsteinen beweisen, waren es untermeerische (= submarine) Vulkanausbrüche, die neben lockeren Auswurfprodukten erhebliche Massen von Diabaslaven förderten.

2. Cheiloceras-Stufe (II).

Die Grundlagen für die allgemeine Charakteristik der Stufen II bis VI liefert das von O. H. Schindewolf genau untersuchte Profil von Gattendorf. Petrographisch ist die Cheilocerasstufe durch graue oder rote, wenig geflaserte Kalke von etwa 13 Meter Mächtigkeit vertreten. Wie im Rheinischen Schiefergebirge läßt sich eine Zweiteilung in eine liegende Zone mit *Cheiloceras subpartitum* Mstr. sp. und eine höhere mit *Cheil. ultimum* Schind. und *Cheil. aequisellatum* Schind. erkennen. Die Stufe ist, wie schon ihr Name besagt, durch Cheiloceraten[2]) charakterisiert. Clymenien, die in den höheren Stufen zu so mächtiger Entwicklung kommen, fehlen in ihr noch vollkommen.

3. Prolobites-Stufe (III).

Die Prolobitesstufe ist in einer vom Rheinischen Gebirge etwas abweichenden Ausbildung entwickelt. Das Hauptleitfossil *Prolobites* fehlt in Franken. Die sonstige Ammonneenfauna zeigt aber große Übereinstimmung. Wie am Rhein läßt sich eine Zweigliederung in eine untere Zone mit *Pseudoclymenia Sandbergeri* Gümb. sp. und eine obere Zone mit *Cyrtoclymenia involuta* Wdkd. sp. durchführen. Mächtigkeit 3.6 m.

4. Postprolobites-Stufe (IV).

Die Stufe ist durch das plötzliche und massenhafte Erscheinen von mit Schaleneinschnürungen versehenen Postprolobiten und stark gerippten Platyclymenien gut gekennzeichnet. Besonders charakteristisch sind *Postprolobites Yakowlewi* Wdkd. und *Platyclymenia annulata* Gümbel. Mächtigkeit 2.4 m.

5. Laevigites-Stufe (V).

Im Gegensatz zu den tieferen Stufen macht sich hier stärkere Flaserung[3]) der Kalke bemerkbar. Die Platyclymenien und Postprolobiten werden abgelöst durch individuenreiche *Laevigites*- und *Oxyclymenia*-Arten. Im Anschluß an das Rheinische Gebirge läßt sich eine Zweiteilung in eine untere Zone mit *Laevigites Hoevelensis* Wdkd. und eine obere mit *Laevigites laevigatus* Mstr. red. Wdkd. erkennen. Mächtigkeit 5.6 m.

6. Gattendorfia-Stufe (VI).

Die geschlossenen Kalke der unteren Stufe lösen sich hier in Kalkknollenschiefer und milde Tonschiefer mit Knollen und Bänken eines eisenschüssigen Kalkes auf. Leitformen dieser Stufe sind *Gattendorfia subinvoluta* Mstr. em. Schind., *Kalloclymenia subarmata* Mstr. sp. sowie eine Reihe von *Imitoceras*-Arten. Den Abschluß des Gattendorfer Profils bilden 6—6 $^1/_2$ m mächtige, gelbgrüne, glimmerreiche Tonschiefer mit Einlagerungen feinkörniger Sandsteine und Grauwackenbänkchen. Gesamtmächtigkeit der Stufe etwa 7 m.

Schieferfazies des Oberdevons.

Die geschlossene Kalkfolge, die wir bei Gattendorf und am Schübelhammer von der Cheiloceras- bis zur Gattendorfia-Stufe beobachten, kann an anderen Stellen des Frankenwaldes teilweise auch durch Schieferfazies oder auch durch Sandsteine ersetzt werden. Die genaue stratigraphische Einstufung dieser Schiefer stößt wegen des Mangels charakteristischer Fossilien auf erhebliche Schwierigkeiten.

---

[1]) Vgl. H. Haf, Das Eizenerzlager von Langenbach bei Steben. Geogn. Jahresh. 1921, XXXIV. Jg. S. 133.

[2]) Cheiloceras, cheilos, gr. = Lippe, keras = Horn, ein Ammonit der Goniatitenfamilie. — Clymenien sind gleichfalls primitive Ammonitenformen, jedoch jünger als die Goniatiten.

[3]) Flaserung ist die Umhüllung von zahlreichen, eng aneinander liegenden Kalkknollen in einem Gestein durch Tonschieferhäute.

Verbreitung.

Im Nordwesten in der Ludwigstadter Gegend ist Oberdevon hauptsächlich am Eisenberg entwickelt. Im tieferen Oberdevon fällt hier vor allem das Zurücktreten der eruptiven Fazies auf. Diese gewinnt große Ausdehnung weiter im Osten in der Stebener Gegend,[1] im Höllental, wo Diabaslaven und Diabasbrekzien[2] imposante Felspartien aufbauen. Dagegen ist das höhere Oberdevon in dieser Gegend nur spärlich vertreten. Ein technisch bedeutsames Kalkvorkommen liegt bei Horwagen; es ist ein zart rosa- und grüngeflammter Kalk, der geschliffen von hervorragender Farbenschönheit ist. Weiter im Osten in der Gegend von Berg breitet sich ein großes Gebiet von Schalsteinen und Tuffiten aus, die GÜMBEL als Chloropitschiefer zum Kambrium stellte, die aber zweifellos oberdevonische Bildungen darstellen. Durch sekundäre metamorphe Prozesse haben sie ihre Schieferung und kristalline Struktur erhalten. — Die machtvollsten Äußerungen des Diabasvulkanismus treffen wir in der äußersten NO.-Ecke Bayerns an, in der Gegend nordöstlich von Hof. Die flachwellige eintönige Landschaft wird durch Felsbildungen von Diabas und Diabasbrekzien einigermaßen belebt (Fürstenbühl, Kulm). Die Eruptionen fallen wohl in der Hauptsache noch ins untere Oberdevon, wie mehrfache Einlagerungen fossilführender Schichten mit der Brachiopoden-Korallenfauna beweisen (Krebsbachtal, Teufelsberg, Katzenbühl, Gumpersreuth). — Für das höhere Oberdevon bietet die Umgebung von Hof klassische Profile. Das Vorkommen von Gattendorf ist bereits besprochen, ähnliche allerdings weniger vollständige Profile beobachtet man in der Umgebung Hofs, am Eichelberg, am Teufelsberg, an der Pfaffenlohe, bei Geigen. — Weiter gegen Südwesten tauchen aus den wirr geschuppten Schiefermassen im Vorland der Münchberger Gneismasse mehrfach oberdevonische Ablagerungen hervor. In der Gegend von Räumlas und Bernstein stellt sich die Korallen-Brachiopodenfauna ein und zwar in einer sehr fossilreichen Ausbildung. Einer der berühmtesten Fossilfundpunkte des Frankenwaldes, der schon G. VON MÜNSTER reiche Ausbeute lieferte, ist der Kalkbruch zwischen Köstenhof und Schübelhammer, in einem kleinen Seitental der wilden Rodach. Nach O. H. SCHINDEWOLF zeigt das Profil vom Schübelhammer völlige Übereinstimmung mit dem von Gattendorf und umfaßt die Cheilocerasstufe bis zur Gattendorfia-Stufe. — Mächtige Diabaseruptionen umsäumen den West- und Südwestrand der Gneismasse bei Grafengehaig und Berneck. Es sind submarine Ergüsse; Mandelsteindiabase, oft mit prachtvoller Kissenabsonderung, wechseln mit Tuffen. — Im Steinachtal bei Stadtsteinach ist zum erstenmal die Manticocerasstufe in Cephalopodenfazies beobachtet worden (vgl. S. 14); ein zusammenhängendes Profil der höheren Schichten läßt sich dort der äußerst komplizierten Tektonik wegen nicht beobachten.

Das Unterkarbon.[3]

Das Unterkarbon des Frankenwaldes und Ostthüringens setzt einer modernen stratigraphischen Analyse noch erhebliche Schwierigkeiten entgegen. Selbst die geologische Spezialkartierung in Thüringen hat dieser mächtigen Formation keine Gliederung abringen können.[4])

Von vornherein muß festgestellt werden, daß Unterkarbon und Kulm Zeitbegriffe von ganz verschiedenem Ausmaß sind, die sich durchaus nicht decken Der deutsche Kulm dürfte, soviel bis jetzt feststeht, nur dem oberen Teil des Unterkarbons entsprechen.

Petrographisch ist das Unterkarbon im allgemeinen gut charakterisiert. Die grobklastische Fazies, die im Devon nur untergeordnet erscheint, drückt dem

[1]) Vgl. KARL WALTHER, Geologie der Umgegend von Bad Steben im Frankenwald. Geogn. Jahresh. 20. 1907, S. 145—182.

[2]) Brekzie, breccia, it. = Geröll, Trümmergestein aus eckigen Gesteinsbruchstücken (Bresche).

[3]) Mit dem Kulm (ka) in der geologischen Karte (Blatt V) zusammengefaßt.

[4]) Auch die Arbeit von J. FELSCH, Die Schichtenfolge des unteren Kulms in der Umgebung des Münchberger Gneismassivs. Diss. Jena 1911 erfüllt diese Erwartungen nicht.

Unterkarbon sein eigentliches Gepräge auf. Der Diabasvulkanismus des Oberdevons erlischt im Unterkarbon, im großen und ganzen wenigstens. Es liegen Anzeichen vor, daß er da und dort auch im Unterkarbon nochmal schwach auffIackert.

Eine sichere Gliederung des Unterkarbons läßt sich noch nicht durchführen. Da die Stratigraphie noch auf solch schwankendem Boden steht, müssen wir auf die sonst übliche geschlossene Darstellung verzichten und einzelne besonders charakterisierte Schichtkomplexe herausgreifen.

1. Metamorphe Granitkonglomerate und Granitgrauwacken.

Sie sind eigentümlich metamorphe Bildungen, die ihren Platz gewöhnlich an der Grenze von Devon und Unterkarbon finden. Petrographisch sind es zum Teil echte Konglomerate[1]), z. T. arkoseartige Gesteine, die aus aufgearbeitetem granitischem Material, also Feldspat, Quarz und Glimmer bestehen. Bezeichnend ist die vorherrschende Beteiligung des Granits, der einmal die Gerölle in den Konglomeraten, ein andermal stärker aufgearbeitet das Zement zwischen den Geröllen bildet. Manchmal gehen die Konglomerate in förmliche Blockpackungen über. Bei Reitzenstein beobachtet man darin Granitblöcke von 1,20 m Länge und 0,55 m Dicke. Die Grundmasse ist meist durchsetzt von chloritischen Zersetzungsprodukten, in denen sich Titanitkörner angesiedelt haben. Dieser chloritische Bestandteil rührt wahrscheinlich von Diabastuff her. In einzelnen sächsischen Vorkommen ist diese tuffartige Grundmasse viel stärker ausgeprägt.

Die Granitgrauwacken bilden eine vielfach unterbrochene Zone, die sich von Marxgrün an der Selbitz bis nach Reichenbach in Sachsen verfolgen läßt. Sie stellen ein fremdartiges Glied in der Schichtfolge dar. Der Granit kann nur von praekarbonischen Massiven stammen. Die Herkunft der Gerölle ist in Dunkel gehüllt.

2. Kieselschiefer.

Neben silurischen schwarzen Lyditen[2]) sind im alten Gebirge mächtige Komplexe hell- oder dunkelgrauer bis graugelber Kieselschiefer vorhanden. Ihrer stratigraphischen Stellung nach dürften sie wohl größtenteils ins tiefere Unterkarbon gehören. Besondere Mächtigkeit erlangen sie in dem Zug, der vom Döbraberg über den Rodachsrangen und Rodachsberg gegen Heinersreuth verläuft.

3. Kohlenkalk.

Zweifellos in den tieferen Horizonten des Unterkarbons liegt der sogen. Kohlenkalk oder Bergkalk. Er ist ein blaugrauer bis schwarzgrauer Kalk, dem im Gegensatz zu den älteren Devonkalken jede Flaserbildung fehlt. Er ist von feinkörniger, zuckerkörniger Struktur und vielfach oolithisch. Das Hauptverbreitungsgebiet des Kohlenkalks liegt im Osten in dem Dreieck, das von den Orten Hof, Trogenau, Regnitzlosau gebildet wird. In der Gegend westlich von Steben fehlt er. Der Fauneninhalt des Kohlenkalkes ist außerordentlich reichhaltig. Der Kalk enthält eine Mikrofauna von Foraminiferen[3]) und Ostracoden, auch Korallen sind reichlich

[1]) Konglomerat, conglomerare, lat. = zusammenhäufen; Trümmergestein aus abgerundeten Gesteinsbruchstücken.

[2]) Lydit, vom alten Lydien, wo er als Goldprobierstein diente (= Kieselschiefer).

[3]) Foraminiferen, foramen, lat. = Loch; Ordnung der Rhizopoden (Wurzelfüßer) — Ostracoden, ostrakon, gr. = Gehäuse; Krebse, Ordnung der Crustaceen. — Korallen (corallium, lat.), Klasse der Cnidarien (Nesseltiere).

vertreten. Unter den Brachiopoden sind besonders Arten der Gattung *Productus* charakteristisch, wie z. B. *Productus giganteus* MART. Bisher ist der Kohlenkalk auf Grund der Produktidenfauna der Viséstufe, also dem mittleren Unterkarbon, zugeteilt worden. Neuerdings nimmt O. H. SCHINDEWOLF[1]) auf Grund der Korallenfauna ein etwas höheres Alter an. Ebenso wie das ganze Unterkarbon ist auch der Kohlenkalk in einem ganz flachen, küstennahen Meeresbecken zur Ablagerung gekommen. Wohl ungefähr dem gleichen Horizont wie der Kohlenkalk gehören eigenartige Kalkbrekzien an, die bei Elbersreuth, Leupoldsberg u. a. a. O. aufgeschlossen sind. Diese Brekzien enthalten neben Bruchstücken eines hell- bis dunkelgrauen Kalkes gut gerundete kristalline Dolomitgerölle, deren Herkunft unbekannt ist. Auch Diabastuffmaterial ist diesen Brekzien meist reichlich beigemengt.

4. Geigenschiefer.

Neben dem eigentlichen Kohlenkalk hat in der Schichtfolge des Unterkarbons ein Schiefer-Horizont besondere Bedeutung gewonnen, die sogen. Geigenschiefer. Diese Geigenschiefer haben durch C. FR. LEYH[2]) eine palaeontologische Bearbeitung erfahren. Die Fundstelle, aus der die Fauna der Geigenschiefer stammt, liegt W. von Hof bei dem Einzelgehöft Geigen. Über die stratigraphische Stellung dieser Schiefer herrscht noch große Unsicherheit. Die Lagerungsverhältnisse im Geigenbruch geben darüber keine sichere Auskunft. LEYH's Fossilliste weist nicht weniger als 22 Arten von Landpflanzen von typisch unterkarbonischem Gepräge auf (z. B. *Cardiopteris Hochstetteri* VON ETT. sp. var. *franconica* GÜMBEL). Unter der Fauna finden sich nach F. FRECH bezeichnende Formen des Kohlenkalks und der Posidonienschiefer, Goniatiten[3]) und namentlich Trilobiten der Gattung *Dechenella, Phillipsia* und *Griffithides.*

In den Geigenschiefern kommen schwarze Phosphoritkonkretionen vor. Diese Konkretionen[4]) bringen die Geigenschiefer in Beziehung[5]) zu andern Geodenschiefern, die in Thüringen einen bestimmten Horizont an der Basis des Kulms einnehmen. Es ist der sogen. Ruß-Schieferhorizont, der z. B. in typischer Ausbildung in den Lehestener Dachschiefern entwickelt ist. Es sind kohlige Alaunschiefer, in denen kieselige Phosphoritkonkretionen liegen. Auf bayrischem Boden sind diese sogen. „Geoden" mehrfach z. B. bei Berneck am Entenhäusl, bei Schwarzenbach a. S. und Rothenbürg nachgewiesen worden.

5. Kulm.

Weitaus die größte Mächtigkeit unter den unterkarbonischen Bildungen erlangt der Kulm. Die Hauptgesteine sind graue Tonschiefer, Quarzite, Sandsteine, Grauwacken, Grauwackenbrekzien und Konglomerate. Grauwacken sind klastische Gesteine, bestehend aus Körnern von Quarz und von Feldspat, aus Glimmerschuppen, Fetzen von Tonschiefern, Kieselschiefern und Quarziten. Durch Aufnahme

[1]) O. H. SCHINDEWOLF, Über eine Unterkarbonfauna aus Ostthüringen. Senckenbergiana. Bd. IV, H. 12, 1922.

[2]) C. FR. LEYH, Beiträge zur Kenntnis des Palaeozoikums in der Umgegend von Hof a. S. Zeitschr. der Deutsch. geolog. Ges., 49. Bd. 1897, S. 504.

[3]) Goniatit, gonia, gr. = Winkel; Ammonit mit winkelförmig gezackter Lobenlinie (Schnittlinie der Scheidewände der Luftkammern mit der Außenwand).

[4]) Konkretion, concretio, lat. = Zusammenballung, Anhäufung von Mineralsubstanzen um einen Mittelpunkt (Kristallisationspunkt) in einem Gestein (= Geode, geodes, gr. = erdartig).

[5]) Ob in zeitliche, sei dahingestellt.

von Kalk entwickeln sich Kalkgrauwacken. Konglomerate sind auf bayrischem Boden viel häufiger als in Thüringen. Besondere Berühmtheit hat das von E. Kalkowsky[1]) und E. Zimmermann[2]) beschriebene Teuschnitzer Konglomerat erlangt. Diese Konglomerate führen nicht selten Granitgerölle, auch die kristallinen Dolomitgerölle sind in manchen Konglomeraten verbreitet, z. B. bei Poppengrün. In ihrer stofflichen Verschiedenheit enthüllen die Gerölle ein Bild von der Zusammensetzung der damaligen Abtragungsbezirke. Kulmische Gesteine fehlen unter den Geröllen nicht, Kohlenkalk wurde als Geröll bei Poppengrün beobachtet. Das alte Gebirge, dessen Zerstörungsprodukte das Material für die groben Schuttmassen des Kulms lieferten, war bereits tektonisch verbogen und in den Bereich der Abtragung gerückt. Die Massenanhäufung von Feldspat, der hauptsächlich die mächtigen Grauwackenkomplexe zusammensetzt, weist aber auch auf kristalline Kerne hin, die der Abtragung unterlagen.

Eine Gliederung des Kulms hat sich mangels scharf gekennzeichneter Leithorizonte kaum durchführen lassen. Man unterscheidet gewöhnlich einen unteren Komplex, in dem Tonschiefer und Kalkgrauwacken vorwiegen, und einen oberen, in dem die grobklastische Fazies der Grauwacken vorherrscht. Die Fossilführung ist spärlich. In den Grauwacken sind Krinoidenstiele häufig. Das Hauptleitfossil des Kulms *Posidonia Becheri* ist nur einmal bei Rothenbürg unfern Selbitz beobachtet. Außerordentlich bezeichnend für den landnahen Charakter des Kulmmeeres sind Landpflanzen. Die Küste war mit Lepidodendron- und Farnwäldern umsäumt. Von hier wurden Stamm- und Blattreste eingespült. Auch die Charakterpflanze des Kulms *Asterocalamites scrobiculatus* Zeiller hat zahlreiche Reste hinterlassen, namentlich die gerieften Marksteinkerne.

Zur Verbreitung des Unterkarbons. Die Hauptverbreitung des Unterkarbons liegt einmal im Osten in der Gegend von Trogenau, Regnitzlosau; auch im Nordwesten der Gneismasse bildet der Kulm größere Flächen; das größte Kulmgebiet im Bereich des Frankenwaldes ist die thüringische Hauptmulde (vgl. S. 30).

Vulkanismus der Diabase und Keratophyre.[3])

Palaeovulkanische[4]) Eruptivgesteine, die dem variskischen[5]) Gebirge ein besonderes Gepräge verleihen, sind die Diabase, Keratophyre und Palaeopikrite. Diabase sind

---

[1]) E. Kalkowsky, Gerölltonschiefer glazialen Ursprungs im Kulm des Frankenwaldes. Zeitschr. der Deutsch. geolog. Ges. 1893.

[2]) E. Zimmermann, Erläuterungen Bl. Lehesten 1 : 25 000 der geol. Spezialkarte von Preußen, 1910.

[3]) Die geologische Karte (Blatt V) verzeichnet sie mit D. — Vgl. E. Riman, Beitrag zur Kenntnis des Diabases des Fichtelgebirges, im besonderen des Leukophyrs Gümbels. Neues Jahrb. f. Min. 23. Beil. Bd. 1907. — M. Weber, Über Diabase und Keratophyre aus dem Fichtelgebirge. Zentralbl. f. Min. 1910. — J. Stern, Beiträge zur Kenntnis der Diabase des Fichtelgebirges und des Frankenwaldes. Geogn. Jahresh. 1914, Bd. 27.

[4]) Palaeovulkanisch, palaios, gr. = alt; auf den Vulkanismus des Palaeozoikums bezüglich. Diabas (Erkl. S. 7, Anm. 3); Keratophyr, keras, gr. = Horn, Hornsteinporphyr; — Palaeopikrit, pikros, gr. = bitter, wegen des hohen Gehaltes an Bittererde.

[5]) Variskisches = varistisches Gebirge, von den Variskern, einem alten Volksstamm im Fichtelgebirge (Hof i. B. = Curia Variscorum), ist ein vom französischen Zentralplateau ausgehender, zur Oberkarbonzeit aufgefalteter Gebirgsbogen, der in nordöstlicher Richtung Deutschland durchzieht, Die heutigen deutschen Mittelgebirge stellen Kerne dieses Gebirges dar.

i. a. mineralogisch gekennzeichnet durch basischen Feldspat, durch Augit und Erz. Sekundäre Umwandlungen des Mineralbestandes sind recht verbreitet. Die Diabase bilden entweder konkordante Lagergänge in den Sedimenten oder meist submarine Ergüsse. Mit den Ergüssen sind Tuffe, besonders auch Diabasbrekzien, verbunden.

Mit den Diabasen vielfach vergesellschaftet finden sich Keratophyre, feinkörnige oder porphyrische Gesteine, die aus Albit, Orthoklas, Quarz, Augit und chloritischen Substanzen bestehen. Ein Hauptverbreitungsgebiet dieser Keratophyre liegt in der Umgebung von Hof am Alsenberg.

Von den Diabasen durch die schwarze Farbe unterschieden sind die Palaeopikrite, meist grobkörnige Gesteine, aus Augit und Olivin bestehend.

Die Hauptausbruchszeit der Diabase fällt ins Devon. Einer entschieden jüngeren Eruptionsperiode gehören dichte bis porphyrische Quarzkeratophyre an, die kulmische Schichten durchbrechen. Sie bilden im Herzen des Frankenwaldes größere stock- oder gangförmige Massen (z. B. bei der Löhmarmühle, am Waffenhammer).

Die granitischen Massive und ihre Kontakthöfe.

Die mit granitischen Kernmassen besetzte Aufwölbungszone des Erzgebirges setzt sich in Südwestrichtung ins Fichtelgebirge fort. Auch hier treten unter einem vielfach zerschlissenen Mantel von Gneisen, Glimmerschiefern und Phyl-

Abb. 3.

Granitbruch auf dem Großen Waldstein.

Die Granitindustrie im Fichtelgebirge und ostbayerischen Grenzgebirge ist von großer volkswirtschaftlicher Bedeutung. Das prächtige Gestein gestattet die Gewinnung von mächtigen Blöcken neben der von Bau- und Pflastersteinen. Auf ihr ruht die Lebenshaltung eines großen Teiles der dortigen Bevölkerung.

liten Granite[1] zutage. Petrographisch sind sie grob- oder feinkörnige, zuweilen auch porphyrische Zweiglimmergranite mit Orthoklas, etwas Oligoklas, Quarz, einem dunklen Glimmer, der zum Teil Eisenlithionglimmer ist, und Muskovit. Die

[1]) G der geologischen Karte (Blatt V). — Granit, granum, lat. = Korn. Vgl. auch die Beschreibung der Granite bei Abt. III. S. 15.

Magmen waren stellenweise sehr reich an leichtflüchtigen Bestandteilen. Sie sind dann durch eine Reihe charakteristischer Mineralbildungen gekennzeichnet, unter denen fluorhaltiger Lithionglimmer, Albit, Turmalin, Topas, Apatit besonders hervortreten (Epprechtstein, Waldstein [Abb. 3]). Diese miarolitischen[1]) Granite gehen bei Weißenstadt in echte Zinngranite über.

Ältere basische Vorläufer der Granite sind die sogen. Redwitzite oder Syenitgranite C. W. Gümbels. Ihrer Zusammensetzung nach bestehen sie aus Biotit, Hornblende, Feldspat [Orthoklas und Plagioklas, (Oligoklas-Labrador)] und meist wenig Quarz. Das Verbandsverhältnis dieser Gesteine zum Granit, wie es zur Zeit in den Steinbrüchen der Wölsauer Höhe aufgeschlossen ist, läßt keinen Zweifel, daß der Redwitzit etwas ältere Schollen bildet, die vom Kristallgranit gangartig durchdrungen werden, nicht lamprophyrische Nachschübe, wie K. Willmann[2]) glaubte.

Abb. 4.

Quarzporphyrfelsen am Wendenhammer bei Marktleuthen.

Die zur Ganggefolgschaft des Granits gehörenden Quarzporphyre, gegenüber diesen porphyrisch entwickelt, heben sich infolge ihrer großen Härte als zum Teil felsige Kuppen heraus. Das Gesteinstrümmerwerk entsteht durch Zerbrechen von großen Blöcken unter dem Einfluß von Sonnenbestrahlung, Abkühlung, von Regen und Frost.

(Aufnahme von Dr. A. Wurm.)

In die Eruptionsgefolgschaft der Granite gehören noch jüngere Quarzporphyre, die namentlich im östlichen Teil des Marktleuthener Massivs in kleineren Durchbrüchen hervortreten. Zeitlich reichen sie vielleicht schon ins Rotliegende herein (Abb. 4).

Verbreitung. Der Hauptzug des Fichtelgebirger Granitstockes beginnt im Osten auf sächsischem und böhmischem Gebiet und streicht von Selb bis gegen Oberröslau. Erheblich verschmälert steigt er im Rudolphstein, Schneeberg und Ochsenkopf zum Zentralstock auf. An den Ochsenkopf als Eckpfeiler schließt sich mit einer scharfen Umbeugung nach Südwesten ein breiter Intrusionsast an mit der Platte, dem Hohen Matzen und der Kösseine. (Abb. 1, S. 2.) Dem Hauptstock sind im Nordwesten drei Einzelstöcke vorgelagert, die Reuth, das Waldstein- und Kornbergmassiv. Dem Fichtelgebirge gegenüber erhebt sich mit weithin ausladenden Flanken der Granitdom des Steinwaldes. Ebenso wie das Fichtelgebirge stellt er den Typus eines diskordanten Granitmassives dar.

[1]) Miarolitisch, miarolo, it. = Ausdruck für Granite, die mit Kristallisationshohlräumen durchsetzt sind.

[2]) K. Willmann, Die Redwitzite, eine neue Gruppe von granitischen Lamprophyren. Zeitschr. d. Deutsch. geol. Ges. 1919. Abh. S. 1.

Kontaktbildungen. Die Fichtelgebirgsgranite sind in geringer Tiefenstufe und ohne Beeinflußung durch stärkere tektonische Bewegungen erstarrt. Sie zeigen überall normale Tiefengesteinskontakte. Besonders schön sind diese Kontakte am Nordwestfuß des Zentralstocks entwickelt. Hier sind devonische Schiefer und Phyllite von der Metamorphose betroffen worden und je nach dem Ursprungsgestein und der Nähe des Kontaktes in Knotentonschiefer, Fruchtschiefer, Knotenphyllit, Andalusitglimmerfels und Hornfels[1]) umgewandelt. Eine besondere Berühmtheit hat der Chiastolithschiefer von Schamlesberg bei Gefrees erlangt, ein schwarzer Tonschiefer, der von zahlreichen Säulchen von Chiastolith durchspickt ist.

An den Granitkontakt gebunden sind auch die Kalksilikatfelse, welche den Wunsiedler Marmorzug im Norden begleiten, rötliche, grüne oder graue Gesteine, die früher als „Erlane" beschrieben wurden. Die Kalksilikatfelsen führen typische Kontaktmineralien: Granat, Vesuvian, Diopsid, Epidot, Zoisit, Tremolit, Turmalin, Fluorit, Magnetkies, Schwefelkies, Kupferkies, Arsenkies, Bleiglanz und Zinkblende. Die Kalkkontakte sind, wie die halogenhaltigen Mineralien beweisen, schwach pneumatolytisch[2]) beeinflußt. Ausgezeichnet durch reiche Mineralführung sind die von E. DÜLL[3]) beschriebenen Kalksilikatfelse von der Acherwiese bei Schönbrunn, ferner die vom Otterbühl bei Göpfersgrün, die namentlich Vesuvian führen. Als Kontaktprodukt ist wohl auch der Ophikalzit von Stemmas und Hohenberg aufzufassen, eine Verwachsung von Serpentin und Kalk, die früher als ein organischer Rest *Eozoon bavaricum* GÜMBEL beschrieben wurde (vgl. Abt. III, S. 12).

Alter der granitischen Intrusionen. Die granitischen Intrusionen im Fichtelgebirge fallen in eine Zeit, in der die palaeozoische, sogen. variskische Hauptfaltung bereits zum Abschluß gekommen war. Die Gänge, die der Granit ins Nebengestein entsendet, sind von der Faltung unberührt geblieben und auch die granitischen Massen im großen durchschneiden quer die alten Faltenstrukturen. (SW.-Rand des Reuthmassivs, Hoher Matzen, wo der Wunsiedler Marmorzug abgeschnitten wird.) Andererseits treten im Unterrotliegenden bereits granitische Aufbereitungsprodukte auf. Man geht deshalb wohl nicht fehl, wenn man die Intrusionen ins Oberkarbon verlegt.

Absonderungsformen. Felsenmeere. Die Fichtelgebirgsgranite sind durch eine ausgesprochene bankige oder plattige Absonderung ausgezeichnet (Waldstein, Epprechtstein, Kornberg). Am Epprechtstein und auch sonst, wo genügend Aufschlüsse vorhanden sind, beobachtet man, daß diese Absonderung kuppelförmigen Aufbau besitzt, daß die einzelnen Massive aus zwiebelartig übereinander liegenden Schalen bestehen, die auf allen Seiten von einem Kulminationspunkt abfallen (vgl. Abb. 9, S. 39). Neben dieser bankförmigen Absonderung durchziehen das Gestein tektonisch orientierte Kluftsysteme.

Alle diese Klüftungen kommen äußerlich in den Felsformen zum Ausdruck, den malerischen Felsenburgen und Türmen, welche im Zentralstock die Kammhöhen krönen und das Landschaftsbild so abwechslungsreich gestalten. Der Gipfel des Waldsteins, Rudolphsteins, Epprechtssteins, ferner der Haberstein und Burgstein an der Kösseine zeigen in prachtvoller Weise die matratzenförmige Verwitterung. Für die äußere Umgrenzung dieser Felsformen ist vielfach die tektonische Nordwestklüftung bestimmend, insofern sie die günstigsten Bedingungen für die Zerstörung dieser Felsmassen durch die Oberflächenverwitterung darbietet (Felsmauer am Gipfel des Rudolphsteins).

---

[1]) Hornfels = dunkles Kontaktgestein mit hornartigem Bruch.

[2]) Pneumatolytisch, pneuma, gr. = Hauch, lyein = lösen; auf die Mineralneubildung durch vulkanische Gase bezüglich.

[3]) E. DÜLL, Gesteine und Mineralien der Acherwiese bei Schönbrunn im Fichtelgebirge. Jahresbericht der Luitpold-Kreisrealschule München 1898/99.

Eine weitere sehr auffallende Oberflächenform des Fichtelgebirges sind die Felsenmeere, die aus der fortschreitenden Verwitterung solcher stark zerklüfteten Granitmassen hervorgehen. Das schönste Beispiel eines solchen Blockmeeres ist das Felsenlabyrinth an der Luisenburg bei Wunsiedel, andere Felsenmeere liegen an der Platte und am Kösseinegipfel.

Jüngere Gangformation.

Im Gefolge der großen granitischen Intrusionen, als letzte Äußerungen des abklingenden Tiefenvulkanismus, durchsetzt das alte Gebirge eine Reihe von Gängen. Bei aller stofflichen Verschiedenheit ist ihnen gemeinsam, daß sie die palaeozoische Hauptstörungsperiode nicht mitgemacht haben, die tektonischen Strukturen geradlinig durchschneiden und meist eine nordsüdliche bis nordwestliche Streichrichtung besitzen. Stofflich lassen sich zwei Hauptgruppen unterscheiden: Erz- bzw. Mineralgänge und Eruptivgänge.

Die Erzgänge stehen unzweifelhaft in Zusammenhang mit dem Empordringen der jüngeren diskordanten Granite. Ihre Entstehungszeit fällt ins Ausgehende des Karbons oder ins Rotliegende.[1]) Hieher gehört eine ganze Reihe von Spateisensteingängen der Stebener Gegend, vereinzelte Bleierzgänge des westlichen Frankenwaldes und die Golderzgänge von Goldkronach.

Die Eruptivgänge, die vielfach auch an N.—S. gerichtete Spalten gebunden sind, sind durch drei petrographische Typen vertreten: Mesodiabase und Mesoproterobase[2]), Minetten und Kersantite und Glimmerdioritporphyrite. Technisch wichtig ist der Mesoproterobasgang, der mit N.W.—SO.-Streichen quer über den Ochsenkopf zieht.[3]) Mesodiabase, Minetten und Kersantite durchschwärmen in zahllosen Gängen das Schiefergebirge des Frankenwaldes (namentlich längs des Tales der wilden Rodach).

Känozoische Bildungen.

Das Tertiär.[4])

Absatzbildungen.

Tertiäre Ablagerungen sind an die große Einbruchszone geknüpft, die den Südrand des Erzgebirges begleitet und sich über das Falkenauer und Egerer Becken bis nach Bayern fortsetzt. Vom Egerer Becken strahlen nach SW. zwei Tiefenzonen aus, die eine folgt dem Tal der Röslau und Kössein über Redwitz, Waldershof bis in die Gegend von Pullenreuth, die andere folgt der Wondrebtalung über Waldsassen nach Mitterteich und weitet sich zwischen Wiesau und Tirschenreuth zum Wondreb-Naabbecken.

Was die zeitliche Festlegung der jungen Beckenfüllungen betrifft, so darf man annehmen, daß es sich hauptsächlich um miozäne Bildungen handelt. Weitaus

[1]) Vgl. A. Wurm, Über die neu aufgedeckten Erbendorfer Blei-Zinkerzgänge und ihre Bedeutung für die Altersstellung der Oberpfälzer und oberfränkischen Erzgänge. Geogn. Jahresh. 1921, XXXIV. Jahrg.

[2]) Proterobas, proteros, gr. = früher, von C.W. Gümbel für vermeintlich vordevonische Diabase angewendet, ein primäre Hornblende führender grobkörniger Diabas. Mesoproterobase sind die im Karbon und Perm auftretenden Diabase dieser Art. —. Minette ist wie der Kersantit (Weiler Kersanton bei Brest) ein dunkles Spaltungsgestein eines Tiefengesteins, jenes aus Orthoklos und Biotit, dieses aus Plagioklas und Biotit bestehend.

[3]) Auf der geologischen Karte, Blatt V, mit D bezeichnet.

[4]) Auf der geologischen Karte mit t bezeichnet. Über die Gliederung des Tertiärs in Bayern. Vgl. die Tabelle S. 72 der Abt. III. — Kainos, gr. = jung.

das wichtigste Glied dieser jungen Beckenfüllungen sind Braunkohlenflöze,[1]) die sich auf mehrere Vorkommen von meist nur geringer Ausdehnung verteilen. Dicht an der böhmischen Grenze liegt das Braunkohlenbecken von Mühlbach-Schirnding und Hohenberg. Weiter südwestlich folgt das Vorkommen an der Klausen, das aus einer mächtigen Ablagerung eines bituminösen Blätterschiefers besteht. Dieser enthält eine reiche Flora, die von dem subtropischen Charakter der damaligen Vegetation und dem erheblich wärmeren Klima dieser Periode Zeugnis ablegt. Weitere Braunkohlenvorkommen liegen bei Waldershof, an der Schindelloh bei Pilgramsreuth, an der Sattlerin bei Herzogöd, und am Bayerhof bei Thumsenreuth. Die Flöze bestehen meist aus einer Mischung von erdig-mulmiger mit lignitischer Kohle. Sie dürften in der Hauptsache autochthoner[2]) Entstehung sein.

Den Hauptanteil an der Füllung dieser tertiären Einbruchsgebiete haben aber Sande, Quarzschotter und Tone. Es sind Ablagerungen von Flüssen und sumpfigen Süßwasserseen, die unregelmäßig zerstreut über das Land ausgebreitet waren und ihm einen eigenartigen Charakter verliehen.

Vulkanismus.[3])

Die oben erwähnte Einbruchszone ist in ihrer ganzen Erstreckung der Schauplatz bedeutender vulkanischer Eruptionen. Die Verknüpfung dieser Eruptionen mit Tertiärablagerungen läßt keinen Zweifel an ihrem tertiären Alter. Die vulkanischen Ausbrüche in Oberfranken und in der Oberpfalz scheinen dem Miozän anzugehören und gewisse Beobachtungen sprechen dafür, daß die Eruptionen vor, während und nach der Bildung der Braunkohlenflöze stattfanden. Vielleicht reichen einzelne Eruptionen im benachbarten böhmischen Gebiet (Kammerbühl, Eisenbühl) bis ins Diluvium herein. Ihrer Erscheinungsform nach waren es wohl hauptsächlich Zentraleruptionen und zwar gemischte Vulkanbauten, bei denen Explosions- und Effusionsphasen[4]) verschiedentlich miteinander abwechselten. Wie W. Richarz[5]) neuerdings gezeigt hat, ist auch die Gangform häufiger vertreten. Es waren zum Teil echte Spaltenergüsse nach Art der isländischen, d. h. voneinander getrennte Durchbrüche, deren lineare Anordnung auf einen gangförmigen Vulkanherd in der Tiefe schließen läßt. (Aigner Kuppen, Waldecker Kuppen, Thiersteiner Durchbrüche.) Diese Spalten, auf denen das Magma emporstieg, streichen NO.—SW. In dem Rahmen der tertiären Tektonik, die durch tangentialen Druck der alten Massive auf das mesozoische Vorland beherrscht wird, kommt diesen NO.—SW. verlaufenden Spalten die Eigenschaft von klaffenden Zugklüften zu.

[1]) Vgl. L. von Ammon, Bayrische Braunkohlen und ihre Verwertung, München 1911. Ferner: Die mineralischen Rohstoffe Bayerns und ihre Wirtschaft. I. Bd. Die jüngeren Braunkohlen, Herausgeg. vom Bayr. Oberbergamt.

[2]) Autochthon, autos, gr. = derselbe, chthon = Erde; an Ort und Stelle aus gewachsenen Pflanzen entstanden; Gegensatz: allochthon, allo, gr. = fremd, aus ortsfremden Pflanzen zusammengeschwemmt.

[3]) Die tertiären vulkanischen Gesteine bezeichnet die geologische Karte mit B.

[4]) Effusion, effusio, lat. = Erguß, Lavaausfluß.

[5]) W. Richarz, Die Basalte der Oberpfalz. Zeitschr. d. Deutschen geol. Ges. Bd. 72. 1920.

Dem höheren Alter entsprechend befinden sich alle diese Vulkane in einem fortgeschrittenen Abtragungsstadium, das sie als Vulkanruinen kennzeichnet. Ihre heutige Erscheinungsform als steile Kegel verdanken sie ihrem größeren Widerstand gegen die Abtragungsprozesse.

Die Differentiationsfähigkeit der Vulkanherde im Osten im Böhmischen Mittelgebirge verkümmert im weiteren westlichen Verlauf der Vulkanzone immer mehr. Die in Oberfranken und in der Oberpfalz geförderten Laven gehören nur mehr wenigen Typen von Basalten an. Es sind hauptsächlich Feldspatbasalte, Nephelinbasalte und Nephelinbasanite, also durchweg Gesteine der sogenannten „atlantischen" Sippe[1]) mit Natronvormacht.

Tuffe haben am Aufbau der Oberpfälzer Basaltberge großen Anteil, meist sind es Aschen- oder Brockentuffe, seltener Kristalltuffe (Silberrangen bei Groschlattengrün).

Abb. 5.

Basaltbruch von Triebendorf bei Wiesau.

Die Absonderung des Basaltes in senkrechte Säulen ist bezeichnend für einen ehemaligen Deckenerguß. Als Gegensatz dient Abb. 6.

(Aufnahme von Dr. A. Wurm.)

Viele Basaltvorkommen zeigen prachtvolle Absonderungserscheinungen; neben unregelmäßig blockiger ist namentlich die säulige Absonderung weit verbreitet. (Abb. 5.)

Es kann keinem Zweifel unterliegen, daß das Empordringen der Basalte aufs innigste mit den orogenetischen[2]) Prozessen zusammenhängt, die wohl im Oligozän begannen und im Miozän ihren Höhepunkt erreichten. Der Eruptionsvorgang selbst scheint im Nebengestein keine oder nur geringe Störungen hervorgerufen zu haben. An dem Basaltschlot des Kühhübels bei Neustadt a. K., der durch einen mächtigen Steinbruchtrichter aufgeschlossen ist, stoßen die Keuperschichten völlig horizontal am Basalt ab.

[1]) Atlantische Sippe der Eruptivgesteine = nach F. Becke die durch Natronvorherrschaft ausgezeichneten Gesteine, um den atlantischen Ozean auftretend. Gegensatz: pazifische Sippe, die durch Kali- und Kalkführung gekennzeichnet ist; sie umsäumt den pazifischen Ozean.

[2]) Orogenetisch, oros, gr. = Gebirge, genesis = Entstehung; gebirgsbildend.

Verbreitung. Die vulkanischen Durchbrüche, die sich im Osten zu zwei großen einheitlichen Vulkangebirgen, dem Böhmischen Mittelgebirge und dem Duppauer Gebirge zusammenballen, lösen sich nach Westen in Bayern in kleinere Eruptionszentren auf. Noch auf tschechischem Boden liegt unfern Neualbenreuth der schon von GOETHE beschriebene Eisenbühl.[1]) Zwischen Wondreb und der Röslauniederung erhebt sich der Reichsforst, in dem die Ergüsse mehrerer Eruptionszentren mit einander verwachsen sind. Randlich löst sich die einheitliche Masse des Reichsforstes in eine Reihe isolierter Basaltberge auf. Im Norden vom Reichsforst ist das Granitgebiet des Selber Waldes an mehreren Stellen von Eruptionen durchlöchert. Nach Süden an den Reichsforst schließt sich ein zweites größeres Eruptionsgebiet an, das des Großen und Kleinen Teuchelbergs, und noch mehr

Abb. 6.

Der Basaltberg des Rauhen Kulms bei Neustadt.

Die hochaufragende Kuppe des Rauhen Kulms, die widerstandsfähige Ausfüllung eines Basaltschlotes, ist durch die Abtragung der weicheren Schichtenumgebung aus dieser herausgeschält worden. Der Basaltschlot ist der Zufuhrkanal für einen ehemaligen Deckenerguß vom Typus der Abb. 5.

im Süden taucht im Osten des Steinwaldes das Basaltgebiet des Langholzes auf. Im Norden vom Steinwald lassen sich basaltische Durchbrüche über Schindellohe bis in die Gegend von Kulmain verfolgen. Kleinere Ausbrüche bei Kastl (Atzmannsberg) führen zu den äußersten Vorposten im Westen, den Basaltbergen von Neustadt a. K. (Rauher Kulm [Abb. 6], kleiner Kulm u. a. m.). Im Südosten ragt als weithin sichtbare Landmarke der Hohe Parkstein über die Keuperhochfläche empor (Abb. 11, S. 53) Diese zuletztgenannten westlichen Vorkommen liegen bereits in der triadischen Sedimentzone, die sich zwischen dem alten Gebirge und der fränkischen Alb einschiebt. Sie werden an späterer Stelle (S. 53) eine geologisch-morphologische Würdigung erfahren.

---

[1]) E. PROFT, Kammerbühl und Eisenbühl, die Schichtvulkane des Egerer Beckens in Böhmen Jahrb. d. K. K. geol. Reichsanst. 1894, 44. Bd., S. 25.

Postvulkanische Erscheinungen.

Als Nachwirkungen der vulkanischen Ereignisse der Tertiärzeit fassen wir eine ganze Reihe von Erscheinungen zusammen, so die Kaolinisierung, die Speckstein- und Pseudophitbildung.

Weit verbreitet im Fichtelgebirge ist die Kaolinisierung.[1]) Wie schon C. W. Gümbel vermutet hat, ist sie auf die Einwirkungen kohlensäurehaltiger Quellen zurückzuführen, die im Gefolge der basaltischen Eruptionen emporstiegen. Schon äußerlich kommt der Zusammenhang der Kaolinbildung mit den jungvulkanischen Vorgängen unverkennbar zum Ausdruck. So weist der Granitsockel des Reichsforstes, der von zahlreichen basaltischen Eruptionen durchlöchert ist, besonders starke Kaolinisierung auf.

Auch die tiefgreifende Zersetzung des Phyllits in der Gegend von Redwitz, Arzberg, Waldsassen ist sicher nicht das Ergebnis normaler Verwitterungsvorgänge, sondern intensiver Umwandlung durch vielleicht thermale Säuerlinge.

Das großartigste Beispiel für die Wirkung postvulkanischer heißer Wässer ist der Speckstein, ein wasserhaltiges Magnesiasilikat. Das Fichtelgebirger Specksteinvorkommen bildet eine schmale Zone von etwa 5 km Länge von Göpfersgrün bis etwas über Thiersheim hinaus.[2]) Da der Speckstein an die Grenze von Granit und Phyllit bezw. Marmor gebunden ist, war man früher geneigt, ihn als thermales Umwandlungsprodukt im Gefolge der granitischen Intrusionen anzusehen. Schon C. Benner[3]) und R. Lepsius[4]) haben aber ein jüngeres tertiäres Alter der Specksteinbildung angenommen. Zur Tertiärzeit stiegen heiße kohlensäure- und magnesiahaltige Wässer und Kieselsäurelösungen auf und wandelten in einer großartigen Pseudomorphosenbildung alle Gesteine, die sie auf ihrem Weg trafen, in Speckstein um. Dieser Umwandlung unterlagen der Marmor und Phyllit, ebenso wie der Granit, ja selbst der widerstandsfähige Quarz blieb davon nicht verschont. Allbekannt sind ja die scharf ausgebildeten Pseudomorphosen von Speckstein nach Quarz. (Vgl. S. 66.)

In enger Beziehung zur Specksteinbildung stehen Umwandlungsvorgänge, die früher als sog. Pseudophitbildung[5]) (Pseudophit = dichter Chlorit) beschrieben wurden. Allbekannt ist das Vorkommen an der Miedelmühle am Strehlerberg bei Marktredwitz, wo die Mikroklin-Einsprenglinge des Kristallgranits in eine grüne feinschuppige Substanz umgewandelt sind. Nach Untersuchungen von H. Laubmann[6]) besteht das grüne Umwandlungsprodukt aus einem Gemenge von Chlorit und Serizit. In dieselbe Kategorie gehören die Umwandlungen, welche zur Entstehung der sog. Steinachgranite Anlaß gegeben haben (Gegend von Fichtelberg).

In den Kreis der jüngeren postvulkanischen Bildungen gehört auch ein großer Teil der Mineralquellen, die besonders häufig an die tertiäre Einbruchszone gebunden sind. (Vgl. S. 63.)

Das Quartär.

Diluvium und Alluvium.[7])

Dem Quartär gehören hauptsächlich die Ablagerungen in den Tälern, die Terrassen und Talauffüllungen an.

[1]) G. Stahl, Die Verbreitung der Kaolinlagerstätten in Deutschland. Archiv für Lagerstättenforschung 1912.

[2]) E. Weinschenk, Über die Umwandlung des Quarzes in Speckstein. Inaug.-Diss. München 1888.

[3]) C. Benner, Specksteinbildung im Fichtelgebirge u. s. w. Inaug.-Diss. Erlangen 1899. F. Ammon, Beiträge zur Kenntnis des Specksteins und der Pseudophitbildung. Inaug.-Diss. Erlangen 1908.

[4]) R. Lepsius, Geologie von Deutschland. II. Teil, 1903, S. 117.

[5]) X. Stadlinger, Über die Bildung von Pseudophit in granitischen Gesteinen mit besonderer Berücksichtigung der geologischen Verhältnisse des Strehlerberges bei Marktredwitz im Fichtelgebirge. Inaug.-Diss. Erlangen 1900 und F. Ammon, a. a. O.

[6]) H. Laubmann, Studien über Mineralpseudomorphosen. Neues Jahrb. f. Min. Jahrg. 1921, Bd. I S. 15.

[7]) Auf der geologischen Karte mit d (Diluvium) und a (Alluvium) bezeichnet.

Zur jüngeren Talgeschichte der südlichen Frankenwald-Randflüsse haben O. BRÖNNER[1]) und L. HENKEL[2]) wertvolle Beiträge geliefert. In das flachwannige, wohl pliozäne Hochtal ist mit scharfem Knick das steilwandige jüngere Tal eingesenkt. Die Gehänge sind durch zwei Terrassen gegliedert, die in 30—40 m und in 15 m Höhe durchziehen. Diese Terrassen gehen aus dem Schiefergebirge über den Randbruch hinweg ins mesozoische Vorland.

Auch die Tiefenerosion der Saale war durch mehrere Stillstandsperioden unterbrochen, die sich als Terrassen zum Teil mit Schotterlagen kennzeichnen (Blatt Hirschberg der geolog. Karte 1:25000 von Preußen.)

Beweise für Vergletscherung fehlen im Frankenwald und im Fichtelgebirge.

III. Tektonik.[3])

Das alte Gebirge läßt sich in verschiedene tektonische Einheiten zerlegen: 1. den Frankenwald (im Grunde genommen die südliche Fortsetzung des Ostthüringischen Schiefergebirges), 2. die Münchberger Gneismasse und die ihr vorgelagerte Schuppenzone, 3. das Fichtelgebirge.

1. Frankenwald.

Die tektonische Analyse des Frankenwaldes verdanken wir den ausgezeichneten Untersuchungen von H. LORETZ, TH. LIEBE und E. ZIMMERMANN. Der Frankenwald gehört den inneren Teilen des variskischen Bogens an, eines alten Faltengebirges, das quer durch Mitteleuropa zieht. Bei der starken Abtragung des Gebirges und dem Rumpfcharakter kommt dieser Faltenbau bei weitem nicht in so klarer Weise zum Ausdruck wie in den Alpen.

Für den Beginn der orogenetischen[4]) Bewegungen fehlen sichere Anhaltspunkte. Die mächtigen Kulmkonglomerate sprechen dafür, daß sie schon im oberen Kulm begonnen haben. Die Hauptphase der variskischen Faltung ist aber postkulmisch und dürfte zusammenfallen mit der sogen. sudetischen Faltung im Sinne STILLES zwischen Unter- und Oberkarbon. In der großen Geosynklinale[5]) des Frankenwaldes und thüringischen Schiefergebirges können wir eine Reihe tektonischer Großformen unterscheiden: Den westthüringischen Hauptsattel, nach Südosten anschließend die thüringische Hauptmulde und den ostthüringischen Hauptsattel. Diese Sättel und Mulden folgen dem erzgebirgischen Streichen. Es kommen aber auch transversale herzynisch[6]) verlaufende Faltenwellen vor; zu ihnen gehört der Frankenwälder Quersattel. (Vgl. das nebenstehende tektonische Übersichtskärtchen!)

[1]) O. BRÖNNER, Beiträge zur Morphologie des ostthüringischen Schiefergebirges. Mitt. d. geogr. Ges. zu Jena. 32. Bd. 1914.

[2]) L. HENKEL, Diluviale Flußablagerungen im Gebiete der Rodach. Zeitschr. Deutsch. geol. Ges. 1913. 65. Bd. Monatsb. S. 334.

[3]) Vgl. A. WURM, Tektonische und magmatische Analyse des alten Gebirges im Norden von Bayern. Zentralbl. f. Min. usw. 1923. S. 532—542 und S. 561—575.

[4]) Orogenetisch, oros, gr. = Gebirge, genesis = Entstehung.

[5]) Geosynklinale, ge, gr. = Erde; synklino, zusammenneigen. Trogartige Vertiefung, in der sich unter gleichzeitiger Senkung derselben, die Schichtabsätze anhäufen. Durch die Emporhebung der Geosynklinale entsteht die Geoantiklinale.

[6]) Herzynische Faltung ist jene, die im Verlauf des Oberkarbons in Deutschland den S. 19 Anm. 5 erwähnten variskischen Hochgebirgszug bildete. (Vgl. Anm. 4, S. 22 der Abt. III.)

Vereinfachte geologisch-tektonische Übersichtskarte des Fichtelgebirges u. Frankenwaldes.

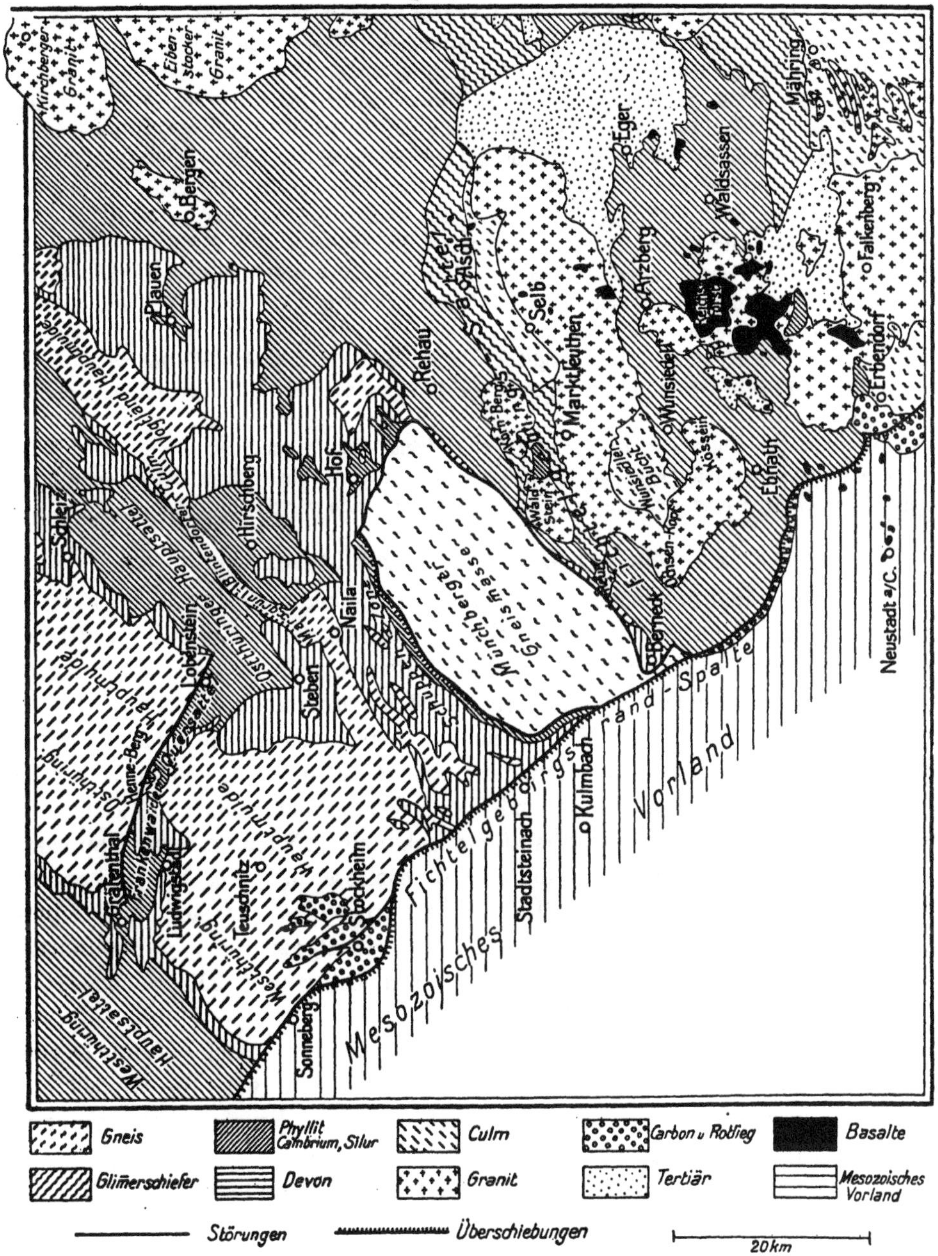

Die thüringische Hauptmulde beginnt im Norden bei Weida und bricht an der Fichtelgebirgsrandspalte ab. Sie wird fast ausschließlich von Kulmschichten erfüllt. Der ostthüringische Hauptsattel verläuft von Berga a. d. Elster bis Geroldsgrün auf bayerischem Gebiet, wo er untertaucht. An seinem Aufbau beteiligen sich hauptsächlich die ältesten Silurschichten. West- und ostthüringischer Hauptsattel werden brückenartig durch den nach Nordwest ziehenden Frankenwälder Quersattel verbunden. Er trennt die thüringische Hauptmulde in zwei Teile, die ost- und westthüringische Teilmulde und bedingt bei Ludwigstadt und Lauenstein das Emportauchen älterer silurischer und devonischer Gesteine. Den Frankenwalder Quersattel schneidet im Norden die große Gräfenthal-Lobensteiner-Verwerfung ab. Im Süden stößt der Quersattel durch die Ludwigstadt-Wetzstein-Verwerfung an den kulmischen Tonschiefern und Grauwacken ab. An den SO.-Abfall des ostthüringischen Hauptsattels schließt sich eine Zone von unsicherer tektonischer Stellung an. Sie beginnt bei Marxgrün und zieht über Kemlas zur Saale und verbindet sich mit dem von E. ZIMMERMANN beschriebenen Blintendorfer Kulmstreifen. Die Zone ist durch stark metamorphe Gesteine, vor allem auch durch die früher erwähnten Granitkonglomerate bezeichnet. Das Emportauchen von Phykodenschichten bei Hirschberg wird durch den Hirschberg-Gefeller Sattel verursacht. Zwischen diesem und dem Erzgebirgs-Fichtelgebirgssattel liegt ein geologisches Tiefengebiet, das im Nordosten in die vogtländische Hauptmulde verläuft. Bei Hof wird es von Diabastuffen und Laven erfüllt. Es gehört schon zur Schuppenzone in der Umrandung der Münchberger Gneismasse.

Der ursprüngliche Faltenwurf ist durch zahlreiche Längs- und Querstörungen zerstückelt. Eine der bedeutendsten Querstörungen ist die schon erwähnte Gräfenthal-Lobensteiner-Verwerfung. Solche Querstörungen sind charakteristisch für die ausklingende variskische Tektonik.

2. Münchberger Gneismasse und Umrandung.

Zwischen dem palaeozoischen Faltenland des Frankenwaldes und dem Fichtelgebirgssattel taucht als fremdartiges geologisches Element die Münchberger Gneismasse auf. Die auffallenden Lagerungsverhältnisse an den Rändern haben schon früh die Aufmerksamkeit der Geologen auf sich gezogen.[1])

Der NW.-Rand ist schon von C. W. GÜMBEL als Überschiebungslinie erkannt worden. Die vorgelagerten palaeozoischen Schieferkomplexe fallen fast durchweg nach Südosten unter die Gneismasse ein. Es handelt sich also nicht um einfachen Zusammenschub, sondern um nach Norden überkippte isoklinale[2]) Falten oder um Schuppenpakete.[3]) Etwa 2 km vom NO.-Rand der Gneismasse liegt bei Hof mitten im Palaeozoikum die kristalline Scholle des Wartturmberges. Sie stellt eine Überschiebungsmasse dar, die ursprünglich mit der Hauptgneismasse in Verbindung stand und später durch Erosion[4]) von ihr abgelöst wurde. Die Scholle ruht wurzellos den oberdevonischen Schiefern auf.

Am SO.-Rand der Gneismasse fallen die palaeozoischen Schiefer ebenfalls vorherrschend unter die Gneismasse, also nach Nordwesten ein. Die Grenze der Gneismasse gegen die palaeozoischen Schiefer ist kein Primärkontakt, sondern

[1]) Vgl. auch W. v. SEIDLITZ, Tektonische Beziehungen der Münchberger Gneismasse zum Erzgebirge und nördlichen Böhmerwald. Geolog. Rundschau Bd. XII 1922. S. 270 und A. WURM, Über die geologische Stellung der Münchberger Gneisinsel. Jahresber. u. Mitt. d. Oberrhein. geol. Ver. N. F. Bd. XII 1923, S. 80.

[2]) Isoklinale Falte (isos, gr. = gleich; klinein = neigen; Falte, deren Schenkel gleichsinnig geneigt sind).

[3]) W. AHRENS, Die Lagerungsverhältnisse am NW.-Rand der Münchberger Gneismasse. Zentralbl. f. Min. 1912. S. 440.

[4]) Erosion, erodere, lat. = ausnagen; die zerstörende Tätigkeit fließenden Wassers.

tektonisch. Das Schieferband stellt eine Zone starker Schuppung[1]) dar.[2]) Das gleiche Bild zeigt der SW.-Rand, der uns durch die Arbeiten von H. Brand[3]) genauer bekannt geworden ist. Randschiefer und Gneismasse stellen auch hier zwei verschiedene tektonische Einheiten dar. Die Ränder der Gneismasse zeigen also überall das Bild von Bewegungskontakten.

Die Lagerungsverhältnisse der Münchberger Gneismasse sind nicht einfach zu erklären. Man kann sich vorstellen, daß die Gneismasse als starrer Klotz durch die palaeozoische Ummantelung durchgestoßen wurde. Im Nordwesten wurde sie auf das Schiefervorland überschoben, im Südosten durch eine Art Rückstau auf das Fichtelgebirge aufgeschoben. F. E. Suess[4]) hat die Meinung vertreten, daß die Gneismasse von Süden her über das Fichtelgebirge als sogen. Decke verfrachtet wurde und in ihrer ganzen Masse wurzellos dem Palaeozoikum aufliegt.

3. Kristalliner Rahmen des Fichtelgebirges und granitische Kernmassen.

An die Münchberger Gneismasse schließt sich nach Südosten eine große sattelförmige Aufwölbungszone an, der Fichtelgebirgssattel. Die Achse dieser Aufwölbung sinkt gegen Südwesten langsam unter. Ob in dieser Zone kompliziertere Strukturen verborgen sind, läßt sich nicht sicher entscheiden. Die granitischen Intrusionen stehen mit dieser Aufwölbung in keiner unmittelbaren Beziehung, die Architektur des Gewölbes war schon vor dem Eindringen der Granite vollendet. Immerhin war der alte Faltenwurf für die Ortstellung der Intrusionen von Bedeutung.

Die Anwendung der scharfsinnigen Methoden, wie sie H. Cloos für die Granitgebiete Niederschlesiens ausgearbeitet hat, hat im Fichtelgebirge zu Ergebnissen geführt, die gut mit der Gesamttektonik übereinstimmen. Die Granitmassive lassen im allgemeinen eine nordwestliche Druckrichtung erkennen, also die gleiche Druckrichtung, die auch die ältere Schichttektonik beherrscht.

Der Phyllitmantel im Süden des Fichtelgebirges senkt sich zu einer breiten Synklinalzone herab, die sich nach Osten über Eger, Waldsassen ins tschechische Gebiet fortsetzt. Die Strukturen dieser Phyllitmulde stehen in auffälligem Gegensatz zu denen in der Umrandung der Münchberger Gneismasse. Während dort alles zu isoklinalen Schuppenpaketen ausgebügelt ist, sind hier die Schichten bei wechselndem Einfallen in steile Falten gelegt und im kleinen zierlich gefältelt.

Über die jüngere Tektonik vgl. die Ausführungen von Lothar Reuter auf S. 42 dieser Abteilung.

IV. Morphologie und Morphogenie.[5])

Das charakteristische Oberflächenelement des Frankenwaldes ist die Hochfläche. Diese Eigenart der Landschaft hat schon früh die Aufmerksamkeit der

[1]) Schuppung entsteht durch wiederholte Überschiebung von Isoklinalfalten.

[2]) F. Deubel, Der SO.-Rand der Münchberger Gneismasse im Gebiet von Schwarzenbach a. S. Zentralbl. f. Min. 1923. S. 394 u. 427.

[3]) H. Brand, Die Kupfererzlagerstätte bei Kupferberg in Oberfranken mit besonderer Berücksichtigung ihrer Beziehungen zur Münchberger Gneismasse. Geogn. Jahresh. XXXIV. Jahrg. 1921.

[4]) F. E. Suess, Vorläufige Mitteilung über die Münchberger Deckscholle. Sitzungsber. d. K.K. Akad. d. Wiss. Wien. Math. nat. Kl. Bd. 121. 1912.

[5]) Morphologie, morphe, gr. = Gestalt; logos = Kunde; Morphogenie, genesis, gr. = Entstehung. — Lehre von der Art und der Entstehung der Oberflächenformen der Erde.

Geologen auf sich gezogen. E. PHILIPPI[1]) hielt die Hochfläche für eine präoligozäne Fastebene.[2]) Für bayrisches Gebiet hat Verfasser[3]) ein jüngeres pliozänes Alter der Einebnungsfläche vertreten. Zu einem ähnlichen Ergebnis ist neuerdings B. v. FREYBERG[4]) für die thüringische Landoberfläche gekommen. Damals verbanden sich altes Gebirge und mesozoisches Vorland im Südwesten in einer einzigen Fläche. Später im Oberpliozän wurde die Oberfläche des alten Gebirges ungleichmäßig gehoben, und diese Heraushebung geschah hauptsächlich an den Rändern des alten Blockes. Die Fichtelgebirgsrandspalte (S. 29, 30) lebte neu auf.

Abb. 7.

Steilabfall längs der „Fichtelgebirgsrandspalte" bei Ludwigschorgast.

Aus dem mesozoischen Vorland steigt längs einer herzynischen Verwerfungslinie, der „Fichtelgebirgsrandspalte", das normal unter den mesozoischen Schichten gelegene Grundgebirge und ältere Deckgebirge hoch empor.

(Aufnahme von Dr. H. BRAND.)

Am Südostrand der Münchberger Gneismasse bricht das einheitliche Relief, das wir von Thüringen weit nach Bayern hinein verfolgen können, unvermittelt ab, es hebt sich ein morphologischer Fremdkörper, das Fichtelgebirge, heraus. Der morphologische Begriff Fichtelgebirge deckt sich nicht mit dem geologischen. Morphologisch gehört zum Fichtelgebirge nur das höher aufragende Kuppengebirge. Es liegt nahe, die morphologische Sonderstellung dieses eigentlichen Gebirgsblockes mit der Gesteinsbeschaffenheit in Verbindung zu bringen. In der Tat besteht die Hauptmasse dieses „Gebirges" aus Granit, aber nicht ausschließlich.

[1]) E. PHILIPPI, Über die präoligozäne Landoberfläche in Thüringen. Zeitschr. d. Deutsch. geol. Ges. 62. Bd. 1910. S. 305—404.

[2]) Fastebene (= Peneplain nach C. W. DAVIS), eine wenig über den Meeresspiegel emporragende, schlecht modellierte Ebene, das Endstadium der normalen Erosion nach dem genannten Geographen.

[3]) A. WURM, Über die geologische Stellung der Münchberger Gneismasse. Jahresber. u. Mitt. d. oberrh. geol. Ver. N. F. Bd. XII. 1922.

[4]) B. v. FREYBERG, Die tertiären Landoberflächen in Thüringen. Fortschr. d. Geol. u. Palaeont. H. 6. 1923.

Mit dem Zentralstock ist im Südwesten der weit über 800 m aufragende Phyllitmantel zu einer morphologischen Einheit verwachsen. Andererseits fehlt der östlichen Fortsetzung des Hauptgranitzugs bei Bernstein, Thierstein u. a. a. O. jede morphologische Differenzierung gegenüber dem kristallinen Rahmen im Süden. Es bleibt also nur die eine Möglichkeit: das Gebirge verdankt seine jetzige Hochlage hauptsächlich einer tektonischen Aufwölbung. Daraus folgt, daß das Fichtelgebirge in seiner heutigen Erscheinungsform ein recht jugendliches Gebilde darstellt.[1])

Die tiefe Zerschneidung des alten Gebirges am SW.-Rand läßt sich am besten durch eine postpliozäne Hebung erklären. Diese Hebung hat gleichzeitig altes Gebirge und Vorland betroffen. Der völlig ungestörte Verlauf der Terrassenzüge vom alten Gebirge ins Vorland beweist, daß im Diluvium keine Reaktivierung des Randbruchs stattgefunden hat.

B. Oberpfälzer Wald.

Von **Dr. Adolf Wurm.**

I. Allgemeine Übersicht.

Da wo im Süden unter dem Phyllitmantel des Fichtelgebirges die höher kristallinen Unterlagen emportauchen, beginnt auch eine neue geographische Einheit: der Oberpfälzer Wald. Eine natürliche Umgrenzung begegnet geringen Schwierigkeiten. Im Norden folgt die Grenze zwischen Fichtelgebirge und Oberpfälzer Wald einer morphologischen Tiefenlinie, die bei Erbendorf beginnt, der Südabdachung des Steinwaldes folgt, in die Naab-Wondreb-Hochebene ausmündet und sich nach Nordosten der Wondrebtalung entlang zieht. Im Westen gibt der Abfall des alten Gebirges gegen das mesozoische Vorland die natürliche Scheidelinie. Im Süden erhalten wir durch die Bodenwöhrer Bucht, die Talfurche des Regen und der Cham eine Abgrenzung gegen den Bayrischen Wald. Im Osten fällt die Grenze mit der Hauptkammlinie, der Wasserscheide zwischen Donau und Elbe zusammen, die ungefähr der politischen Grenze parallel läuft. Bei der auffallend geringen morphologischen und geologischen Differenzierung des Gebietes hat eine weitere Gliederung wenig Sinn. Sie würde sich nur nach rein künstlichen Trennungslinien durchführen lassen.

Der Oberpfälzer Wald gehört fast ganz dem Flußgebiet der Naab an. Nur der äußerste Süden und äußerste Norden machen davon eine Ausnahme. Im Süden schneiden die Zuflüsse des Regens noch in den Oberfälzer Wald ein und im Norden bildet die Naab-Wondreb-Hochfläche die niedrige Wasserscheide zwischen Waldnaab und einem der Elbe tributären Zufluß, der Wondreb.[2])

Der Oberpfälzer Wald bildet ein vielkuppiges Bergland, das an Höhe weit hinter dem Fichtelgebirge und dem Bayrischen Wald zurückbleibt. Es dacht sich im allgemeinen gegen Südwesten, hin ab. Die höchsten Erhebungen liegen naturgemäß dem Grenzkamm genähert. Aber auch hier erreichen nur die wenigsten die Tausendmeterlinie oder überschreiten sie. Östlich Waldmünchen,

[1]) Vgl. die gleichsinnigen Darlegungen von L. Reuter bei der Besprechung der Tektonik der mesozoischen Schollen (S. 44).

[2]) Auf dem Blatt V (Hof) der geologischen Übersichtskarte ist der Oberpfälzer Wald zum weitaus größten Teil enthalten; sein südlicher Abschluß fällt ins Gebiet des Blattes III (Regensburg).

schon auf tschechischem Gebiet, erhebt sich die beherrschende Kuppe des Czerkov mit 1039 m, weiter im Norden der Silberhüttenberg mit 938 m und ganz im Nordosten als weithin sichtbare Grenzmarke der Düllen mit 939 m.

Geologisch gehört der Oberpfälzer Wald ganz dem kristallinen „Grundgebirge" der Böhmischen Masse[1]) an. Ein alter Sedimentmantel, der sich im einzelnen kaum mehr ausscheiden läßt, ist aufs innigste mit basischen und granitischen Intrusionen verflochten in meist konkordantem[2]) Injektionsverband. Das Produkt dieser Durchdringung und Verschmelzung sedimentärer und eruptiver Komponenten liegt uns in den Mischgneisen (injizierten Schiefern) vor, die im Oberpfälzer Wald wahrscheinlich eine große Verbreitung haben. Diesen im wesentlichen konkordanten Intrusionen steht eine zweite jüngere diskordante Generation gegenüber, die variskischen Granite und ihre Ganggefolgschaft.

C. W. Gümbel's Beschreibung des ostbayrischen Grenzgebirges war im Jahre 1868 abgeschlossen. Über ein halbes Jahrhundert ist seitdem verflossen. Spätere Forschung hat den Oberpfälzer Wald wenig umworben. Die Arbeiten beschränken sich auch auf petrographische Beschreibungen. Allgemeine geologische Zusammenhänge bleiben meist unberücksichtigt. Und doch birgt dieses Gebiet vielleicht die interessantesten Probleme in Bayern.

Für eine Darstellung des Oberpfälzer Waldes in modernem Sinn fehlen augenblicklich die Unterlagen. Die wenigen Übersichtsbegehungen, die Verf. machen konnte, reichen nicht aus für eine genetische Deutung und eine gesicherte Erkenntnis der Alters- und Intrusionsfolge der Gesteine. Um Fehler und Mißdeutungen zu vermeiden, hält sich deshalb die folgende Darstellung im wesentlichen an die von C. W. Gümbel geschaffenen Grundlagen.[3])

II. Die wichtigsten Gebiete.

Das Phyllitgebiet südlich der Wondrebtalung.

Bei der oben durchgeführten nördlichen Begrenzung des Oberpfälzer Waldes gehört noch eine kleine Phyllitzone südlich Waldsassen unserem Gebiet an.

Petrographisch zeigt sich hier fast völlige Übereinstimmung mit den großen Phyllitgebieten im Norden. Besonders bezeichnend sind sogen. Quarzlagenphyllite, das sind Gesteine, die aus abwechselnden Lagen von Quarz und Serizit bestehen. Sie zeigen prachtvolle Kleinfältelung, die einzelnen Faltenelemente sind durch Verwerfungen zerrissen, auf denen sich Biotit neu gebildet hat. Die einzelnen hellen und dunklen Lagen erzeugen im Querbruch das Bild einer Holzfaserstruktur.

Quarzlagenphyllite mit schöner Faltung und Fältelung stehen an der Röslauenge bei Seußen an und auch in der Gegend von Neualbenreuth treten sie im Gelände felsbildend hervor. Vom Kohlberg zieht ein breites Band dieser quarzitischen Gesteine gegen die böhmische Grenze und auch im Süden zwischen Leonberg und Neualbenreuth schiebt sich ein breiter Keil zwischen den Glimmerschieferzug des Hedel- bezw. Düllenberges und den normalen Phyllit im Norden ein. Alle diese Gesteine enthalten ziemlich reichlich Turmalinnadeln, auch Chiastolithschiefer stellen sich

[1]) Böhmische Masse, Grundgebirgsscholle, welche den Böhmerwald, das böhmische Becken und das böhmisch-mährische Höhenland umfaßt.

[2]) Konkordant, concordans, lat. = übereinstimmend; gleichsinnig gelagert; Gegenteil: diskordant, discors, lat. = uneinig sein, ungleichsinnige Lagerung (der Schichten), — Injektion, injicere, lat. = hineinpressen.

[3]) Das gilt naturgemäß auch für Blatt V. das in seinem von neueren geologischen Kartierungsarbeiten fast unberührt gebliebenen Gebiet im bayrischen Kartenanteil fast ganz auf den alten Gümbel'schen 100000-teiligen Kartenblättern fußt (D. H.).

lokal ein, so bei Allerheiligen unfern Wernersreuth und auf dem Wege von der Kornmühle nach Teichelrangen, Erscheinungen, die auf einen nicht allzutief gelegenen granitischen Herd hinweisen.

Die Glimmerschieferzone des Hohler- und Hedelberges.

Durch allmähliche Übergänge verbunden, entwickeln sich aus den Quarzphylliten der großen Phyllitmulde im Liegenden quarzreiche Glimmerschiefer. Sie bilden einen Zug, der aus Böhmen herüberstreicht und gegen Westen unter den Schuttmassen der Wondrebniederung untertaucht. Es muß auffallen, daß sichere Äquivalente dieser Glimmerschieferzone am Südrand des Steinwaldes fehlen. Die Lagerung ist anscheinend einfach, das Streichen vorherrschend N 45° O, das Einfallen 55—75° nach Nordwest. Petrographisch besteht diese Zone aus quarzreichen Glimmerschiefern, die Übergänge in Quarzitschiefer aufweisen. Die Glimmerschiefer führen oft reichlich Almandin, wie z. B. am Düllen oder am schwarzen Teich, wo die Granaten so dicht gehäuft liegen, daß man sie sogar als Hochofenzuschlag benützt hat. Die Glimmerschiefer sind durchschwärmt von pegmatitischen Injektionen, die meist linsenförmig einbrechen und an einzelnen Stellen schöne Kristalle von Andalusit und Pinnit führen (am Düllen). Mehrere Erscheinungen deuten auf kontaktmetamorphe Beeinflußung, wie die Turmalineinschlüsse in den Quarzitschiefern von Altmugel oder die schön ausgebildeten Chiastolithe in den Schiefern von Großensees.

Untergeordnete Einlagerungen bilden Linsen von Hornblendeschiefern und holzähnlich gestreifte, schwarze, quarzitähnliche Lydite bei Dobrigau, die etwas an ähnliche Vorkommen bei Voithenthann am Südrand des Steinwalds erinnern.

Das Tirschenreuther- Bärnauer Gneisgebiet.

Im Liegenden der Glimmerschieferzone taucht im Süden ein großes Gneisgebiet empor. Der Gneis, ein typischer Schuppengneis, bildet die Hauptmasse, sozusagen das Gerüst. Eine ganze Reihe von Einlagerungen verschiedenster Gesteine erzeugen aber ein sehr wechselvolles petrographisches Bild. In mehreren Zügen aneinander gereiht erscheinen hornblendereiche Syenitgranite zwischen Tirschenreuth und Mähring, weiter im Süden am Ahornberg und bei Bärnau liegen größere Vorkommen von Granuliten. Es sind das flaserig-schiefrige Orthogneise aus Feldspat, Quarz und Granat bestehend. Sie bilden durchaus konkordante Einlagerungen in den gewöhnlichen Gneisen. Es ist fraglich, ob diese Gesteine, in denen auch Turmalin und Muskowit in den Vordergrund treten, durchaus dem böhmischen oder sächsischen Granulittypus entsprechen. Es scheint sich manchmal mehr um schieferige Gesteine von aplitischem Charakter zu handeln.

An dem Aufbau dieses Gebietes beteiligen sich weiter auch Hornblendeschiefer und chloritische Schiefer, ältere sogen. Lagergranite uud jüngere durchgreifende Granitstöcke. Für die genetische Deutung der Gneise wichtig ist das Vorkommen von Kalksilikatfelsen und von Graphitgneisen bei Klein- und Großklenau nördlich Tirschenreuth. Die tektonischen Leitlinien sind durchaus erzgebirgisch gerichtet. Das Streichen ist N 30—45° O, das Einfallen steil 70—80°, im Norden vorherrschend nach NW, im Süden vielfach auch nach SO. Die durchgreifenden Granitstöcke bedingen manchmal eine örtliche Komplikation.

Die randliche Gneis- und Hornblendeschieferzone zwischen Erbendorf und Leuchtenberg.

Im Gegensatz zu den Verhältnissen im Osten tauchen im Westen unter dem Phyllitmantel des Steinwaldes in der Gegend von Erbendorf grüne Gesteine auf, in ähnlicher Ausbildung, wie wir sie am Südostrand der Münchberger Gneismasse kennen gelernt haben. Die Vergesellschaftung der petrographischen Typen ist genau gleich. Es sind magnetitführende Chloritschiefer, Talkschiefer und ziemlich mächtige Serpentinstöcke[1]) von deutlichem Peridotitcharakter[2]). Auch Topfsteine, jene Gemenge von Chlorit und Talk, die immer an die Nachbarschaft von Serpentinen gebunden sind, fehlen nicht und werden an zwei Stellen technisch ausgebeutet. Wie in der Münchberger Gneismasse beobachtet man, daß diese grünen Gesteine in innigem Verbande mit hornblendehaltigen Gesteinen auftreten und diesen lager- und linsenförmig zwischengeschaltet sind.

Hornblendeschiefer und Hornblendegneise bilden südlich von Erbendorf einen geschlossenen Zug, der das Naabtal im Süden bis über Windischeschenbach hinaus begleitet. Sie nehmen vielfach Granat und Augit auf und nähern sich dann eklogitartigen Gesteinen. Als bemerkenswerte Einlagerung führen sie zwischen Burggrub und Nottersdorf ein Band kristallinen Kalkes. Nach Süden hin werden die Hornblendegesteine von glimmerreichen Schuppengneisen abgelöst, die das Hauptgestein dieser Randzone bilden. Aber in ihrem ganzen Verlauf werden die Schuppengneise von basischen hornblendereichen Lagen durchsetzt. Zum Teil zeigen diese dunklen Einlagerungen, wie am Kalvarienberg bei Neustadt a. W.-N., petrographisch und strukturell durchaus den Charakter von echten Gabbros (mit Labrador und Diallag). Durch Übergänge sind diese Gabbros mit Amphiboliten und Granatamphiboliten verbunden.[3]) Die Hornblendegneise scheinen ebenso wie in der Münchberger Gneismasse zum Teil echte Mischgneise darzustellen.

Über die Lagerung läßt sich kein ganz klares Bild gewinnen. Unverkennbar wird diese Randzone bereits von der herzynischen NW—SO verlaufenden Streichrichtung beherrscht. Aber nicht an allen Stellen kommt sie deutlich zum Durchbruch, stellenweise scheint sie von einer dazu senkrechten Richtung überwältigt.[4])

Als Fremdkörper sitzen dieser Zone die Quarz-Porphyrkuppen[5]) östlich

---

[1]) G. Schulze, Die Serpentine von Erbendorf in der bayrischen Oberpfalz. Zeitschr. d. Deutsch. geol. Ges. 35. 1883. S. 433. — R. Schreiter, Nephrit von Erbendorf in der bayrischen Oberpfalz. Dresden. Sitzungsber. Isis 1911. S. 44—47 u. 76—88.

[2]) Peridotit, perididonai, gr. = in Fülle geben, völlig aus Olivin (Peridot) bestehendes Gestein.

[3]) Vgl. Wl. v. Luczizky, Petrographische Studien zwischen Erbendorf und Neustadt an der Waldnaab (Oberpfalz). Zentralbl. f. Min. 1904, S. 577. — K. Glungler, Das Eruptivgebiet zwischen Weiden und Tirschenreuth und seine kristalline Umgebung. Sitzungsber. d. math. phys. Kl. d. K. Bayr. Akad. d. Wiss. Bd. 35. 1905. — H. Kretzer, Beiträge zur Petrographie der Oberpfalz. Das Gebiet zwischen Weiden und Vohenstrauß. Diss. München 1912.

[4]) K. Osswald, Geologie der Umgebung von Erbendorf und der dortigen Steinkohlenlager. Geogn. Jahresh. 1921, 34. Jahrg. S. 113.

[5]) Die Quarzporphyre sind Gesteine, die in einer dichten Grundmasse Einsprenglinge von Orthoklas, braunem Glimmer und Quarz, zum Teil in Doppelpyramiden, enthalten.

von Weiden zwischen Tröglersricht und Letzau auf. Sie gehören zeitlich ins Rotliegende, das sich westlich anschließt. (Vgl. auch Abt. III, S. 20.)

Die Randgneiszone wird im Osten abgeschnitten durch den weit nach Süden vordringenden Ast der Falkenberger Granitmasse. Jenseits desselben treffen wir eine langgezogene Gneiszone, die in ihrer petrographischen Ausbildung sich durchweg der Randgneiszone anschließt. Besonders gleicht diese Zone zwischen Waldthurn und Wildenau in dem Vorherrschen des Hornblendegesteins noch sehr der Randgneiszone. Zahlreiche kleine Serpentinvorkommen sind den Hornblendeschiefern eingelagert (bei Wildenau, Floß, Waldau u. s. w.). Einzelne dieser Hornblendeschiefer enthalten bei Spielberg und bei Gösen reichlich Graphit, andere sind reich an Granaten und haben als sogen. Oberpfälzer Schmirgel Verwendung gefunden (bei Albesrieth und Wildenreuth).

Das Streichen in dieser durch zwei Granitmassen eingeklemmten Zone ist vorherrschend N 30 W—N 60 W.

Die östliche Gneisplatte der Gegend von Pleystein, Schönsee, Waldmünchen.

Diese ganze Zone ist durch das Fehlen oder Zurücktreten hornblendehaltiger Gesteine charakterisiert. Schuppengneise, sogen. Körnelgneise und Kordieritgneise[1]) bilden die Hauptmasse dieser geologisch einförmigen Gebiete. Etwas Abwechslung bringen nur Einlagerungen von Granuliten z. B. bei Altglashütten, Wildeppenried, bei Schönsee, Weiding und Arnstein. Manche dieser Granulite führen Sillimanit und Cyanit. Vereinzelt schalten sich kleine Serpentinvorkommen den Gneisen zwischen, so namentlich bei Schönsee, Niedermurach und Winklarn.

Abb. 8.

Quarzgang des Kreuzberges in Pleystein.

Ganz nach Art des Pfahles im Bayerischen Wald (Abt. III S. 21) ist diese Ausfüllung einer Spalte aus ihrer weicheren Umgebung herauserodiert worden.

(Aufnahme von Dr. A. Wurm.)

Die Gegend von Pleystein ist außerordentlich reich an Pegmatiten. Sie treten nicht nur gangartig, sondern auch stockförmig auf. Bei Hagendorf liegt in ihnen das beste Feldspatvorkommen Bayerns. Auch Quarzgänge fehlen in diesem Gebiet nicht. Wohl pegmatitischer Abstammung ist der Pleysteiner Quarzgang, auf dem die Klosterkirche steht; stellenweise bricht dort Rosenquarz ein. (Vgl. Abb. 8.) — Ein anderer Quarzgang läßt sich von Eslarn bis über Pfrentsch hinaus verfolgen.

[1]) Über Kordieritgneise und Körnelgneise unterrichtet auch Abt. III. S. 11—13.

Nach Süden hin im Gebiet der Schwarzach und gegen den Regen werden fremde Einlagerungen in den Gneisen immer seltener. Der Typus der Kordieritgneise kommt immer reiner zur Geltung. Die Einförmigkeit dieser Gneisgebiete wird nur durch einzelne kleinere Granitstöcke (z. B. bei Stamnısried und Cham) unterbrochen (Abt. III).

Tektonisch vollzieht sich in diesem Gebiet eine Umbeugung der erzgebirgischen (= variskischen) in herzynische Strukturen. In der Gegend von Waidhaus bei Eslarn beobachten wir ein Streichen von N 45°—60° O mit südöstlichem und nordwestlichem Einfallen, südlich davon ein solches von im Mittel N 45° W. Dieses Streichen hält auch in der Gegend von Schönsee und Waldmünchen an. Nur im Süden an der Chamb tritt eine Komplikation ein. Die Schichten sind hier vielfach wieder in NO—SW-Richtung abgebeugt.

Der Naabgebirgsvorsprung, das Pfreimd- und Schwarzachtal und der Urgebirgsrand vom Naab- bis zum Regental.

Man kann dieses große Gebiet als geologische Einheit betrachten. Es ist gekennzeichnet durch die Vorherrschaft von einem Orthogneis, dem sogen. bunten Gneis und von buntem Granit. Beide Gesteine durchdringen sich in der vielfältigsten Weise, so daß eine genaue kartistische Ausscheidung sich meist nicht durchführen läßt. Auch die geologische Stellung des „bunten Lagergranits" ist vielfach nicht klar; C. W. Gümbel berichtet, daß er zum Teil lagerartig den Gneisschichten sich zwischenschalte, zum Teil stock- oder gangartig diese durchbreche. Auch dieses Gebiet bleibt so gut wie frei von fremden Einlagerungen, wie Hornblendeschiefern und Serpentinen.

Im Süden grenzt eine tektonische Linie erster Ordnung den Oberpfälzer Wald gegen die jüngere Sedimentfüllung des Bodenwöhrer Beckens ab, der Pfahl, jene mit Quarz erfüllte Gangspalte, deren letzte nordwestliche Ausläufer, allerdings vielfach unterbrochen, fast bis an das Naabtal heranreichen. Dem Pfahl parallel verlaufen die Bleierz-Flußspatgänge von Altfalter und Krandorf und die Flußspatgänge von Wölsenberg. — Die Verhältnisse dieses Gebietes haben in Abt. III eingehendere Darstellung gefunden.

Tektonisch verläuft durch dieses Gebiet die große Umbeugungszone der alten Strukturen, auf die wir bereits im Osten zwischen Waidhaus und Eslarn gestoßen sind. Im Norden herrscht noch Erzgebirgstreichen, im Süden herzynisches. Die Grenze ist nicht scharf, sondern durch eine Übergangszone bezeichnet, in der beide Streichrichtungen miteinander kämpfen.

Hoher Bogen.

Der Hohe Bogen fällt eigentlich bereits außerhalb unseres engeren Darstellungsbereichs in das Gebiet der Abt. III. Aber die Gruppe des Hohen Bogens gehört einer einheitlichen petrographischen Zone an, die den Kamm des Böhmerwaldes nach Norden begleitet und sich sogar noch weiter nördlich bis ins Erzgebirge verfolgen läßt. Diese Zone ist charakterisiert durch basische Eruptiva, welche je nach ihrer ursprünglichen stofflichen Zusammensetzung und nach dem Grad ihrer dynamischen Beeinflussung als Diorite,[1] Hornblendegabbros, Pyroxenite, Serpentine, oder auch als Hornblendeschiefer in die Erscheinung treten. Sie alle gehören nach W. Bergt[2]) einem gabbroiden Magma an, das die alten Gneise und Glimmerschiefer durchbrochen hat. (Vgl. auch Abt. III. S. 14 u. 19.)

---

[1]) Diorite, diorizein, gr. = unterscheiden, normal ein Plagioklas-Hornblende-Tiefengestein. — Hornblendegabbro, ein Gabbro, dessen Augit-(Diallag-)Gehalt mehr oder minder durch Hornblende ersetzt ist. — Pyroxenit = Augitfels, aus vorherrschendem Augit nebst Olivin bestehendes Gestein. Vgl. Abt. III. S. 18.

[2]) W. Bergt. Das Gabbromassiv im bayrisch-böhmischen Grenzgebirge. Sitzungsber. d. preuß. Akad. d. Wiss. 1905 (S. 395) und 1906 (S. 432).

Die diskordanten Granitmassive.

Der Granit des Tirschenreuther Waldes und seine südlichen Ausläufer.

Das Steinwaldmassiv (S. 2, 3 und 21) steht im Süden in schmaler Verbindung mit einem der größten Granitmassive des Oberpfälzer Waldes. Es erstreckt sich von Windisch-Eschenbach bis nach Tirschenreuth und entsendet nach Süden lappenartig verzweigte Ausläufer bis in die Gegend von Leuchtenberg und Neukirchen. Im Gegensatz zum Steinwaldmassiv herrscht hier porphyrischer Granit bei weitem vor. Einen großartigen Einblick in die innere Gliederung dieser Granitmasse gewährt die ruinengekrönte Kuppe der Flossenbürg. Die mächtigen Steinbrüche,

Abb. 9.

Schalenförmige Absonderung des Granits von der Flossenbürg bei Floß.

Die merkwürdige rund um die Bergkuppe erfolgende zwiebelschalenartige Absonderung des Granits erleichtert seine Gewinnung, aber fördert auch die Zerstörung dieses hervorragenden Naturdenkmals. (Aufnahme von Dr. A. WURM.)

die immer tiefer die Flanken des Berges entblößen, zeigen prachtvoll den Aufbau aus einzelnen Schalen, die zwiebelartig übereinander liegen und von einem Kulminationspunkt nach allen Seiten hin abfallen (vgl. Abb. 9). Das ganze Granitmassiv des Tirschenreuther Waldes ist außerordentlich reich an pegmatitischen Bildungen, namentlich in der Gegend von Windisch-Eschenbach, Tirschenreuth und Schwarzenbach. In die Ganggefolgschaft dieses Granits gehören wohl auch die interessanten Phosphatpegmatite, die H. LAUBMANN[1]) aus der Gegend von Plößberg, Hagendorf, Pleystein und Marchaney beschrieben hat. Auch eine ganze Reihe von Quarzgängen durchzieht in NW.-Richtung den Granit.

An dieses mehr oder weniger geschlossene Granitmassiv schließen sich nun eine ganze Reihe kleinerer isolierter Vorkommen an, die sich an vielen Stellen aus dem Gneis meist auch morphologisch herausheben. Im Süden des Oberpfälzer Waldes bei Oberviechtach und zwischen Neunburg

[1]) H. LAUBMANN und H. STEINMETZ, Phosphatführende Pegmatite des Oberpfälzer und Bayerischen Waldes. Zeitschr. f. Kristall. LV. Bd. 1920. S. 523.

und Roetz tauchen zwei größere Verbreitungsgebiete eines zum Teil feinkörnigen, zum Teil porphyrischen Granits auf, der sich in allen Merkmalen, vor allem in der gangartigen Durchdringung seines Hüllgesteins, von diskordantem Charakter erweist.

Syenitgranite.

Auch im Oberpfälzer Wald begegnen wir jenen basischen granitischen Magmen, die wir am Südrand des Fichtelgebirges als Redwitzite oder Syenitgranite kennen gelernt haben. Über ihre petrographische Beschaffenheit und ihre geologische Stellung ist dort (S. 21) bereits das Wichtigste gesagt. Auffallend ist, wie sich diese Intrusionen den alten Strukturen anpassen; zwischen Tirschenreuth und Mähring verlaufen sie von NO. nach SW., im Westen von NW. nach SO. Wenn die Darstellung C. W. Gümbels richtig ist, scheinen sie Lagergänge im Gneis zu bilden (z. B. die Vorkommen von Hardt, Goldbrunn). Größere Schollen von Syenitgraniten umschließt der Oberpfälzer Granit bei Thumsenreuth und Reuth und weiter südlich zwischen Pfaffenreuth und Gailersreuth. Es muß allerdings bezweifelt werden, ob alle von C. W. Gümbel als Syenitgranit bezeichneten Vorkommen diesem petrographischen Typus angehören.

III. Tektonik.

Da schon bei Besprechung der Einzelgebiete die Lagerungsverhältnisse Berücksichtigung gefunden haben, soll hier nur ein zusammenfassender Überblick gegeben werden. Der Oberpfälzer Wald setzt in seinem südlichen Abschnitt die NW.—SO. gerichteten Strukturen des Bayrischen Waldes fort. (Vgl. Abt. III. S. 49.) Die Richtung erfährt allerdings im Oberpfälzer Wald eine kleine Abweichung nach NNW. Diese Umbeugung kommt deutlich in dem Streichen des bayrischen und des böhmischen Pfahls zum Ausdruck (a. a. O. S. 21). Weiter im Norden in einer Zone, die quer durch das Naab- und Pfreimdtalgebirge, gegen Eslarn und Waidhaus zieht, verwirren sich die Strukturen mehr und mehr und lassen keinen einheitlichen klaren Bauplan erkennen. Noch weiter im Norden kommt dann die auch im Fichtelgebirge herrschende erzgebirgische Streichrichtung immer deutlicher zum Durchbruch. Wir beobachten also eine allmähliche Umbeugung der herzynischen Streichrichtung in die erzgebirgische oder variskische. Dieselbe Erscheinung vollzieht sich, allerdings anscheinend etwas nördlich verschoben, auf tschechischem Boden, wo die Gneise den böhmischen Pfahl bis in die Gegend nordwestlich Tachau mit Nordweststreichen begleiten. Nördlich davon biegen sie aber bogenförmig gegen Nordosten aus.

IV. Morphologie.

Fast über das ganze Gebiet des Oberpfälzer Waldes spannt sich ein einheitliches Relief. Es ist das auch bei der stark ausgeprägten geologischen Gleichförmigkeit kaum anders zu erwarten. Wenn man etwa auf dem Gipfel des Fahrenberges bei Waldthurn steht, erblickt man ein Meer von Gebirgswellen mit ruhiger Linienführung. Nur einzelne Kegel ragen höher auf. Bis zu einem gewissen Grad kommt der Unterschied in der Gesteinsbeschaffenheit morphologisch zum Ausdruck: die Gneisgebiete gehören den tieferen Lagen an, die

Granitvorkommen heben sich meist aus der Gneisumgebung heraus. Aber die Gesteinsbeschaffenheit kann uns die Oberflächengestaltung nicht restlos erklären. Zweifellos ist das heutige Landschaftsbild nicht unbeeinflußt von tektonischen Verbiegungen. Nur so können wir verstehen, daß der Granitdom des Steinwaldes zu 940 m Höhe sich emporwölbt, während das südlich anschließende Granitgebiet des Tirschenreuther Waldes nur mittlere Höhen von 500—550 m erreicht. Tektonische Ursachen dürfen wir wohl auch für den Südabfall der Glimmerschieferberge bei Wondreb annehmen, an die sich südlich das flache, weihererfüllte Einbruchsbecken der Wondreb-Naab-Niederung mit mittleren Höhen von wenig über 500 m anschließt. Ebenso wie im Norden im Frankenwald und Fichtelgebirge, tritt auch hier im Süden das alte Gebirge in einem morphologischen Steilrand an das mesozoische Vorland heran. Sehr scharf ausgeprägt ist dieser Randwall längs der Pfahllinie gegen das Bodenwöhrer Becken oder zwischen Weiden und Wildenreuth. Im Albenreuther Forst hebt sich auch das Vorland stärker heraus und verwächst unmerklich mit dem kristallinen Gebirge zu einer morphologischen Einheit. Aber wenig weiter nördlich bei Waldeck tritt der Steilrand des alten Gebirges in gleicher Schärfe wie im Süden hervor.

C. Die Sediment-Schollen im Westen des Oberpfälzer Waldes.

Von Landesgeologen **Dr. Lothar Reuter.**

Die nachfolgenden Ausführungen über das zu behandelnde Gebiet umfassen dessen Stratigraphie, Tektonik und Morphologie. Obwohl nun im „Abriß der Geologie von Bayern" im allgemeinen die Besprechung des Gebietes nach Formationen erfolgt, so mußte, wie für das Fichtelgebirge, den Frankenwald und Oberpfälzer Wald, auch für den vorliegenden Gebietsteil hievon eine kleine Abweichung gemacht werden. Die großen hier durchziehenden Verwerfungen haben das Gebiet in einzelne Schollen von ganz eigenartigem geologischen und landschaftlichen Charakter zerlegt. Den natürlichen Verhältnissen würde Gewalt angetan und dem Leser das Verständnis erschwert, wenn die geologische Beschreibung diese Eigenart in den Hintergrund stellen würde und das Gebiet in dem starren Rahmen der Formationsbeschreibung darstellen wollte. Aus diesem Grunde wurde die nachfolgende Art der Beschreibung gewählt. Damit jedoch auch über die Formationsfolge eine Übersicht ermöglicht ist, nennt nachfolgende Tabelle die Formationen mit ihren wichtigsten Gebieten und den Seitenzahlen der Darstellung. Die Tabelle beginnt, auch in den Unterabteilungen, mit den obersten, d. h. jüngsten Ablagerungen und endet bei den ältesten.[1])

[1]) Auf der geologischen Karte Blatt V (Hof) sind diese Formationen und Abteilungen mit folgenden Buchstaben bezeichnet: Diluvium = d; Tertiär = t; Kreide = c; Jura (Weißer Jura = oi; Brauner Jura = mi; Schwarzer Jura = ui); Trias: Keuper (Mittlerer und oberer [Rät] = mk; unterer oder Lettenkeuper = uk); Muschelkalk = m; Buntsandstein = b; Perm (Rotliegendes) = r; Karbon (Oberkarbon) = ko; Grundgebirge (Kristalline Schiefer = g; Granit = G).

	Formationen	Abteilungen	Unterabteilungen und Bemerkenswertes
	Diluvium		Schotter-Anhäufungen im Naabbecken der Umgebung von Weiden S. 52 Der vermoorte Vilsecker Kessel S. 58
	Tertiär		Basalt-Eruptionen S. 53
Mesozoische Schichten	**Kreide**		Veldensteiner Sandstein S. 57
	Jura	Weißer Jura	
		Brauner Jura	Ornaten-Ton, Eisensandstein, Opalinus-Ton (Ehenfeld S. 56)
		Schwarzer Jura	Jurensis-Mergel, Posidonien-Schiefer, Costaten-Schichten, Arieten-Sandstein (Ehenfeld S. 56)
	Trias	Keuper	Rät, Zanclodon-Letten (Ehenfeld S. 56) Burgsandstein, Blasensandstein, Lehrbergstufe (S. 52) Pressath S. 51) Freihunger Sandstein (Pressath, Freihung S. 52, Hirschau S. 56) Lettenkeuper (Bayreuth-Weidenberg S. 51)
		Muschelkalk	(Bayreuth-Weidenberg S. 49)
		Buntsandstein	(Weidenberg S. 49, Eschenbach S. 50)
Pal.Sch.	**Perm**	Zechstein	fehlt im Gebiet
		Rotliegendes	(Weidener Becken, Weidenberg S. 47, Erbendorf S. 47), Porphyr-Eruptionen S. 48
	Karbon	Oberkarbon	Erbendorf S. 46
	Unterlage	Variskisches Grundgebirge (gefaltete kristalline Schiefer mit Granit).	

Das Bruchgebiet im Vorlande des Oberpfälzer Waldes.

Südlich der Linie Weidenberg—Weiden[1]) haben permokarbonische und mesozoische Schichten größere Verbreitung. Das ganze Gebiet ist von mehreren großen Verwerfungsspalten durchzogen, die im wesentlichen von SO. nach NW. verlaufen. Zwischen diesen Spalten liegen die Schollen der Sedimentformationen in langgestreckten Zügen.

Die Bruchlinien dieses Gebietes gehören der großen herzynischen Spaltenzone an, die im Südosten im Donaugebiet bei Passau und Regensburg beginnt, zwischen dem fränkischen Stufenland und der böhmischen Masse, dem alten Variskischen Gebirge, durchzieht, im weiteren Verlauf ganz Mitteldeutschland durchquert und erst am NW.-Ende des Teutoburger Waldes endet. E. Suess nannte den süddeutschen Anteil dieses Bruchlandes „das Gebiet der fränkischen Brüche". Mit seiner südlichen Hälfte haben wir uns hier zu befassen.

Betrachtet man die zwischen den Brüchen liegenden Flächen auf dem Kartenbild, so erkennt man, daß die Schollen im Nordosten aus älteren Formationen, diejenigen im Südwesten aus jüngeren bestehen. Je weiter die Schollen nach Südwest liegen, um so tiefer scheinen sie also abgesunken zu sein und um so jüngere Schichten haben sich auf ihnen erhalten.

[1]) In der Südwestecke von Blatt V der geol. Übersichtskarte.

Die tiefer liegenden Schollen pflegt man nach alter Gewohnheit „abgesunkene“ zu bezeichnen, obgleich dieser Begriff nicht richtig ist. Nach der früheren Auffassung nahm man zwar an, daß das kristalline böhmisch-bayerische Grenzgebirge ein uraltes Gebirgsmassiv sei, das seine Lage seit alter Zeit unverändert beibehalten habe, obwohl es teilweise von Sedimentschichten bedeckt war, die der späteren Erosion zum Opfer gefallen sind. An seinem Westrande hätten sich in der Tertiärzeit Längsbrüche gebildet. Die dabei zerspaltenen Schollen seien treppenartig abgesunken. Demnach wären die marinen Weißjuraschichten des Frankenjura um etwa 1500 m abgesunken, woraus wiederum folgen würde, daß der Meeresspiegel der Jurazeit um etwa 2000 m höher gelegen habe als der heutige Meeresspiegel, eine Annahme, die nicht mehr haltbar ist.

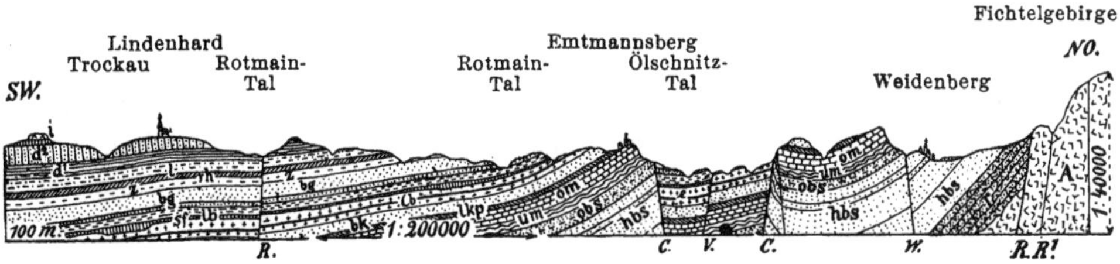

Abb. 10.

Profil 1: **Vom Jura-Rand bei Lindenhard durch die Triasmulde bis zum Fichtelgebirge.**

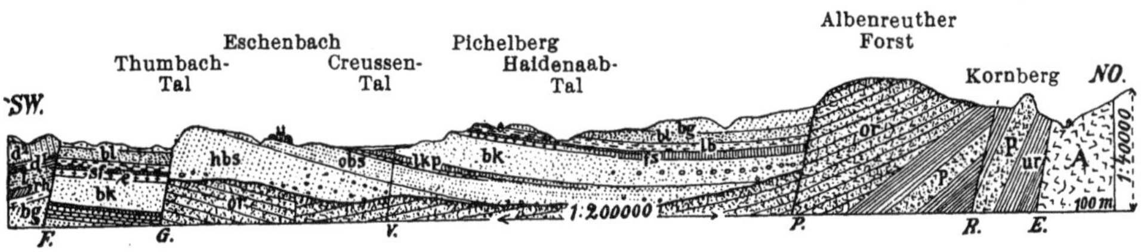

Abb. 10a.

Profil 2: **Vom Jura-Rand zwischen Kirchenthumbach und Pappenberg durch die Keuper-Mulde und die Rotliegend-Höhen bis Erbendorf.**

(Beide Profile sind aus C. W. Gümbels Geogn. Beschreibung der Fränkischen Alb 1891 entnommen.)

Erklärung der Zeichen.

Übersicht über die Bildungen:

i	Weißer Jura	= Malm.
d³	Ornaten-Ton	Dogger.
d²	Eisensandstein	
d¹	Opalinus-Ton	
l	Schwarzer Jura	Lias.
rh	Rät-Sandstein	Keuper.
z	Zanclodon-Letten	
bg	Burgsandstein	
bl	Blasensandstein	
lb	Lehrberg-Stufe	
fs	Freihunger Schicht	
sf	Schilf-Sandstein	
e	Estherien-Schicht	
cb	Corbula-Bank	
bk	Benker Sandstein	
lkp	Lettenkeuper	
om	Oberer	Muschelkalk.
um	Unterer und Mittlerer	
obs	Oberer	Buntsandstein.
hbs	Haupt-	
or	Ober-	Rotliegendes.
ur	Unter-	
P	Porphyr.	
A	kristallines (variskisches) Grundgebirge.	

Die Bruchlinien (Verwerfungsspalten):

R, *R*¹ = Fichtelgebirgs-Randspalte (im Osten).
W = Jura-Randspalte.
C = Kulmbacher-Creußener Spalte.
V = Vorbacher Spalte.
R (im Westen) = Rotmaintal-Spalte.
G = Grafenwöhrer Spalte.
F = Freihunger Spalte.
P = Altenparksteiner Spalte.
E = östliche Erbendorfer Spalte.

Wahrscheinlicher ist, daß das ganze Gebiet einschließlich des bayerisch-böhmischen Waldgebirges im Zeitraum zwischen Karbon und Jura allmählich soweit abgesunken ist, daß zunächst sein westlicher Teil zur Perm- und Triaszeit unter dem Landschutt (Sand und Ton) begraben wurde; in der Folge (Jurazeit) flutete das Meer herein und bedeckte auch noch die östlich anschließenden Flächen. Gegen Ende der Jurazeit hob sich der Boden von Süd- und Mitteldeutschland wieder und wurde Festland. Das Bayerische und Böhmerwald-Massiv ist eine Scholle, die sich schneller und kräftiger emporhob als ihre Umgebung. Sie riß sich von ihr los und schuf so die Zersplitterungszone mit den Spaltenzügen, die jetzt die kristalline Masse umgibt. Verwitterung und Abtragung entfernten von ihr den Mantel der sedimentären Deckschichten und so ragt nun das bayerisch-böhmische Grenzgebirge gewissermaßen als neugeborenes Urgebirge über seine Umgebung aus jüngeren Ablagerungen empor und erweckt den falschen Eindruck, als hätten sich die Rotliegenden-, Buntsandstein- und Keuper-Schichten nur an seinen Westrand angelagert und die Meere der Jura- und Kreidezeit nur seinen Fuß bespült.

Während innerhalb des bayerisch-böhmischen Wald-Massivs die jüngeren (postkarbonischen) Sedimente der Abtragung fast vollständig zum Opfer gefallen sind, finden wir sie im Bruchgebiet noch großenteils erhalten und zwar — wie bereits erwähnt — um so vollständiger, je weiter sie vom Rande der kristallinen Masse entfernt sind. Dies ist eine Folge der verschieden hohen Emporhebung beim Emporsteigen der alten variskischen Masse. Je näher sie dieser lagen, um so mehr wurden sie mitgehoben und um so leichter fielen sie der Abtragung zum Opfer.

Da die großen herzynischen Verwerfungsspalten die einzelnen Gebietsteile abgrenzen und damit von grundlegender Bedeutung sind, sollen hier die bedeutendsten von ihnen genannt sein.

Das fränkische Bruchgebiet ist bis jetzt in geologisch-tektonischer Hinsicht nur in seinen großen Zügen erforscht worden und zwar im wesentlichen durch C. W. Gümbel und seine Mitarbeiter L. v. Ammon und H. Thürach. Ihrer Arbeit verdanken wir das verhältnismäßig klare und einfache geologische Kartenbild.[1]) Die spätere Detailforschung wird es freilich komplizieren. Die in der bisherigen Darstellung angegebenen Hauptbrüche sind nämlich stellenweise verästelt und von kleineren Querbrüchen begleitet, so daß die umgebenden Schollen an ihren Rändern oft weitgehend zerstückelt und zersplittert sind. Neuere Darstellungen über kleinere Gebietsteile geben die Abhandlungen von O. M. Reis über das Bayreuth—Weidenberger Gebiet und X. Schnittmann über den südlichsten Teil der Freihunger Spalte (vgl. Fußnoten S. 49 und S. 56).

Die wichtigsten Bruchlinien.

Die Fichtelgebirgs-Randspalte.

Auf der Nordostseite der Spalte liegen die kristallinen und altpalaeozoischen Massen des Oberpfälzer Waldes, Fichtelgebirges und Frankenwaldes, auf der Südwestseite das Gebiet der fränkischen Brüche. Sie ist die längste und wichtigste Bruchlinie des Gebietes. (R [rechts] in Abb. 10 und 10a.)

Die Spalte kommt auf ihrem Verlauf von Nordwest her zwischen Goldkronach und Muckenreuth in den Bereich unseres Gebietes und zieht über Kulmain, Erbendorf, durch den Albenreuther Forst, dann über Altenparkstein und Döltsch nach Neustadt a. Waldnaab; hier überquert sie das Naabtal und ist noch bis Leuchtenberg zu verfolgen, wo sie auf den W.—O.-Querbruch von Luhe-Leuchtenberg trifft.

Auf ihrem ganzen hier genannten Verlauf grenzt im wesentlichen ein im Westen liegender Rotliegender Zug an das ältere Gebirge (Phyllit, Gneis und Granit), nur zwischen Kulmain und

[1]) H. Thürach und L. v. Ammon, Übersicht über die Verwerfungen im nördlichen Bayern mit Geolog. Übersichtskarte 1 : 500000 (enthalten in C. W. v. Gümbel, Geognost. Beschreibung der Fränkischen Alb, Kassel 1891).

Waldeck sowie zwischen Altenparkstein und Neustadt tritt ausnahmsweise Keuper auf größere Strecken hin ans Urgebirge. Bei Erbendorf ist auf der Ostseite der Randspalte eine kleine Permokarbon-Scholle (d. i. jüngeres Steinkohlengebirge und Rotliegendes) erhalten geblieben.

Die Jura-Randspalte.

(= Weismain-Freihunger Spalte C. W. Gümbels.)

Sie bedingt im wesentlichen den Ostrand des Juragebirges zwischen Weismain und Hirschau (nördlich von Amberg) auf etwa 75 km Länge und trennt damit das Juragebiet im Westen vom Keupergebiet im Osten. (F in Abb. 10a.)

Verlauf in unserem Gebiet: Die Spalte kommt von Nordwest her aus der Gegend von Schnabelwaid, verläuft am Ostfuß des Kutschenrains mit seinen steilaufgerichteten Juraschichten und zieht über Sassenreuth—Kirchenthumbach (hier durch den Kreuzhügel nördlich vom Ort) über Treinreuth (hier Weißjura neben rotem Keuperletten) über Pappenberg, den Schwarzenberg und weiter über Freihung bis Ehenfeld (hier Lias und Dogger neben Rotliegendem). In der Keuperniederung des Ehenbaches zwischen Hirschau und Schnaittenbach verliert sich die Spalte.

An diese Verwerfung knüpfen sich namhafte Lagerstätten nutzbarer Mineralien und Erze. In erster Linie sind Eisenerze zu nennen, die den Amberger Erzen gleichen: bei Sassenreuth, Kirchenthumbach und am Schwarzenberg; sie sind zum Teil Ausfüllungsmassen der Verwerfungskluft. Hier breiten sich in der westlichen Umgebung der Spalte gelbe Sandmassen über dem Juragestein aus, unter denen tonige Schichten mit Eisenerzen und Farberden liegen; sie entsprechen den „Amberger Schichten" (vgl. Abt. III, S. 41). Die berühmteste Erzlagerstätte an der Verwerfung ist jedoch das Freihunger Erzrevier mit seinen Bleierz-haltigen Keuperschichten.

Die Vilsecker Verwerfung und Naabgebirgs-Randspalte.

Der NW.-Teil der Spalte kommt von Pegnitz und Auerbach und verläuft etwas unkenntlich durch das Vilsecker Juragebiet; dieses ist nämlich fast überall unter der sandigen Albüberdeckung begraben. In der Verlängerung scheint dieser Spaltenzug in die Naabgebirgs-Randspalte überzugehen.

Letztere beginnt deutlich bei Gebenbach (westlich von Hirschau); hier liegt bei Burgstall Posidonienschiefer neben Zanklodon-Letten. Dann zieht sie südostwärts über Krondorf (Lias neben buntem Keuper) zum Westrand des granitischen Blauberges, wo Keuper-, Lias- und Doggerschichten steil aufgerichtet an das Granitmassiv stoßen. Von da verläuft der Bruch dem Fensterbach entlang zum Naabtal bei Schwarzenfeld, nachdem er sich mit der Amberger Spalte zu der großen Verwerfungskluft vereinigt hat, die das Bodenwöhrer Becken auf seiner Nordseite vom Bayerischen Waldgebirge trennt.[1])

Die Amberger Spalte.

Sie zweigt im Südosten von der Naabgebirgsrandspalte ab (im Fensterbachtal bei der Kohlmühle, 10 km östlich von Amberg), verläuft nach NW. über Paulsdorf, Krumbach, Amberg, Rosenberg und Sulzbach und verliert sich im Dolomitgebiet von Neukirchen. In ihr Bruchgebiet sind die Eisenerzlager von Amberg und Sulzbach eingebettet. (Vgl. Abt. III, S. 43 und Abt. VI.)

---

[1]) Vgl. Blatt III der geol. Übersichtskarte und Abt. III, S. 56.

Die Schollen im Bruchgebiet.

Die beiden wichtigsten der genannten Brüche sind: die Fichtelgebirgsrandspalte und die Jurarandspalte. Sie zerlegen das ganze Gebiet in drei große Teile:

das kristalline Gebirge im Nordosten (Oberpfälzer Wald, Fichtelgebirge),
das Trias-Gebiet in der Mitte und
das Jura-Gebiet im Südwesten.

Davon sind jedoch noch einige andere Gebietsteile abzutrennen, da noch weitere tektonische Elemente hier gewirkt haben.

Beginnen wir im südöstlichen Teil des Bruchgebietes, so erkennt man das Naabgebirge als großen tektonischen Sattel, der sich aus seiner Umgebung hoch heraushebt. Seine Sattelachse verläuft von Nabburg gegen Hirschau und Hahnbach. Der variskische Urgebirgskern ist weithin entblößt, die Randgebiete sind auch noch etwas gehoben, so daß im südlichen Teil des obengenannten Juragebietes große Keuperflächen zutage treten (Hahnbacher und Hirschauer Keupermulde).

Im südwestlichen Teil der großen Keuper-Scholle Bayreuth—Weiden sind ebenfalls zwei breite Schollen emporgehoben: das Rotliegend-Gebiet von Neunkirchen—Mantel (südwestlich von Weiden) und dasjenige von Luhe—Kohlberg—Kaltenbrunn. Beide Gebiete heben sich auch landschaftlich aus den umgebenden Keuperniederungen heraus.

Somit ergeben sich folgende Schollen, die hier ihrer Altersfolge entsprechend eine kurze Besprechung erfahren sollen:

1. Die kleine Erbendorfer Permokarbon-Scholle (S. 46),
2. die Rotliegend-Schollen südlich und südwestlich von Weiden (S. 47),
3. die große Trias-Scholle Bayreuth—Weiden (S. 49),
4. die Keupergebiete von Hahnbach—Hirschau—Schnaittenbach—Wernberg (S. 56),
5. die Juragebiete von Vilseck und Sulzbach (S. 57).

1. Die Erbendorfer Permokarbon-Scholle.

Die ältesten Sedimentschichten im Gebiete der fränkischen Brüche treten in der Karbon-Scholle nördlich von Kronach (Stockheim—Reitsch) sowie in derjenigen von Erbendorf zutage. Letztere ist hier zu besprechen.[1]) Diese kleine Scholle, die kaum 5 qkm umfaßt, liegt als kleines Einbruchsgebiet auf der Nordostseite der Fichtelgebirgsrandspalte, die im übrigen nur von der älteren variskischen Masse eingenommen wird. (Vgl. Abb. 10a.)

Auf der Ostseite der steil nach Westen einfallenden Scholle sind die Schichten normal dem variskischen Gneisgebirge aufgelagert; zunächst graue, oberkarbonische Konglomerate und Sandsteine (ca. 60 m), darüber die gegen 600 m mächtige Masse roter Konglomerate, Arkosen, Sandsteine und Tonschiefer (Unterrotliegendes.) Nach Südwesten hin legt sich darüber die mächtige Decke oberrotliegender Konglomerate und Tonschiefer. Die nördlichen Ränder der Schollen enden an Verwerfungsklüften gegen den variskisch gefalteten Gneis- und Chloritschiefer. Am Bruchrand beginnt die Gneismasse mit einem im Gelände deutlich sichtbaren Steilhang.

---

[1]) Obige Angaben sind entnommen aus: K. Osswald, Geologie der Umgebung von Erbendorf und die dortigen Steinkohlenlager (Geogn. Jahreshefte XXXIV. Jg., 1921).

Die Gesteine des hier genannten Karbons und Rotliegenden sind Ablagerungen von Schuttmassen, die aus dem zur Permokarbonzeit jungen variskischen Gebirge in das absinkende Vorland herausgetragen wurden. Im wesentlichen waren es granitische Massen mit vielen Quarzgängen und Kieselschiefern.

Die Scholle ist durch das Vorkommen mehrerer Kohlenflöze berühmt. In der Mitte der grauen Oberkarbonschichten liegt ein ergiebiges Steinkohlenflöz (0,5 bis 2 m mächtig). Die grauen Schiefer bergen eine reiche Kohlenflora, die derjenigen der oberen Ottweiler Schichten im Saargebiet entspricht.

Im Unterrotliegenden liegen zwei weitere ergiebige Kohlenflöze und drei schwächere Brandschieferflöze. Die fossile Permflora fehlt, dagegen kommen fossile Fische vor.

In der Mitte des vorigen Jahrhunderts hatte ein staatliches Bergwerk die Flöze im SW.-Teil der Scholle erschlossen, den Bergbau aber nach einigen Jahren wieder aufgegeben, da er damals nicht gewinbringend schien. In neuerer Zeit wurde das Grubenfeld unter günstigerer Beurteilung des Kohlenvorrats wiederum aufgeschlossen. Nach K. Osswald sind zur Zeit etwa 300000 Tonnen Steinkohlen erschlossen.

Weitere Bedeutung besitzt der Ostrand der Scholle durch das Vorkommen erzreicher Quarzgänge[1]). Das Erz besteht im wesentlichen aus Bleiglanz mit Einsprengungen von dunkelbrauner Zinkblende und Kupferkies. Die Gänge (zur Zeit sind deren 11 bekannt) beginnen im Gneis und reichen nach Nordwesten in das Steinkohlengebirge hinein. Hier beschränken sie sich auf das Liegende des Kohlenflözes und enden an oder in ihm. Dem Alter nach gehören sie der Zeit der Porphyr-Ergüsse im Rotliegenden an. Der östliche Gangzug im Gneis wurde bereits vor dem 30-jährigen Krieg abgebaut, der jüngere (im Kohlengebirge) wurde erst in jüngster Zeit gelegentlich der Aufschlußarbeiten im Steinkohlengebiet entdeckt und durch A. Wurm erforscht.

2. Die Rotliegend-Schollen.

Das große Rotliegend-Becken von Weiden ist infolge tektonischer und morphologischer Vorgänge in mehrere große Schollen zerlegt. Zwischen ihnen liegt zunächst das Naabtaal und auf dessen Westseite liegen die Keupergräben im Gebiet der Haidenaab und des Ehenbaches (Hirschau-Wernberg) sowie das südwärts anstoßende Naabgebirge. Schichtenfolge und Gesteinsbeschaffenheit gleichen sich in den hier zu besprechenden Gebieten so sehr, daß eine kurze Formationsbeschreibung zweckdienlicher erscheint als die Beschreibung der einzelnen Gebiete.

Unter-Rotliegendes. Die ältesten Lagen des Rotliegenden treten unmittelbar an der Fichtelgebirgs-Randspalte zutage. Im wesentlichen sind es grünfleckige Rötelschiefer und graugrüne Schiefer mit bunten Konglomeratschichten (Porphyr- und Quarzkonglomerate, Feldspatsandsteine, kieselige Tonsteinlagen und Kalkkonkretionen). Die tiefsten Lagen sind grünlichgraue Sandsteine und Schiefertone mit Brandschieferflözen (Süßenlohe westlich von Neustadt a. W.Nb., Edeldorf 3 km nördlich von Weiden, Irchenried 7 km südöstlich von Weiden). Diese haben infolge ihrer Ähnlichkeit mit Karbonschichten wiederholt veranlaßt, nachzuforschen, ob darunter nicht ähnlich wie bei Erbendorf echte Steinkohlenschichten vorhanden wären. Wo man in den Versuchsschächten und Bohrungen die Unterlage antraf, stieß man auf variskisches Gebirge (Tonschiefer und Gneis) ohne die vermutete Steinkohlenschicht anzutreffen.[2])

[1]) A. Wurm, Über die neuaufgedeckten Erbendorfer Blei-Zinkerzgänge und ihre Bedeutung für die Altersstellung der Oberpfälzer und oberfränkischen Erzgänge (Geog. Jahresb. XXXIV. Jg., 1921).

[2]) Der Umstand, daß die an geologisch günstigen Punkten angesetzten Versuchsbohrungen keine Karbonschichten antrafen, während solche trotzdem bei Stockheim, Erbendorf und Sulzbach (bei

Ober-Rotliegendes. Die weiter vom Urgebirge entfernten Flächen des Rotliegenden gehören der überaus mächtigen Decke des Ober-Rotliegenden an. Sie bestehen aus Konglomeraten, granitartigen Arkosen[1]) und Sandsteinen in Wechsellagerung mit rotbraunen sandigen Rötelschiefern. Die Rotliegend-Höhen westlich vom Naabtal setzen sich aus solchen Schichten mit flacher Lagerung zusammen.

Das Rotliegend-Gebiet im Nordwesten. Anschließend an das Weidener Rotliegend-Becken möge hier noch der Rotliegend-Streifen erwähnt sein, der sich zwischen Nemmersdorf und Lenau (bezw. nördlich der Linie Weidenberg—Kemnath) an die Fichtelgebirgs-Randspalte anlehnt. Es sind ausschließlich Schichten des Unter-Rotliegenden, rote Sandsteine, Arkosen, Konglomerate und grünfleckige Rötelschiefer. Sie sind gegen die Randspalte hin meist steil aufgerichtet und stellenweise überkippt. Das Variskische Gebirge hebt sich an der Randspalte mit steilem Gehänge empor (Abb. 10a).

Tiefbohrungen bei Weidenberg (Mengersreuth, Rosenhammer) trafen auch hier unter dem Unter-Rotliegenden unmittelbar auf Tonschiefer, also auf die variskische Unterlage ohne zwischenliegende Steinkohlenschichten.

Die Porphyr-Eruptionen, die während der zweiten Hälfte des Unter-Rotliegenden stattfanden, haben in der Umgebung der Randspalte sowohl kristalline wie rotliegende Schichten durchbrochen. Porphyrkegel finden wir im Rotliegend-Gebiet bei Lenau und Aigen (nördlich von Kemnath), am Kornberg (Abb. 10a) bei Schadenreuth unfern Erbendorf (hier Quarzporphyr und Pechsteinporphyr), bei Edeldorf 3 km nördlich von Weiden. Die Decken der Porphyr-Ergüsse wurden großenteils durch die nachfolgende Abtragung zerstört. Ihre Trümmer lieferten einen wesentlichen Teil zu den Schuttmassen, aus denen sich die Oberrotliegend-Schichten aufbauten.

Die Mächtigkeit des Rotliegenden ist wechselnd, aber immer sehr groß. Die Bohrung bei Irchenried (7 km südöstlich von Weiden) am Rand des kristallinen Gebirges durchbohrte 450 m Rötelschiefer und grobkörnige Sandsteine des Unter-Rotliegenden und traf dann auf Gneis. Eine Bohrung, die im oberen Rotliegenden bei Rothenstadt a/Naab angesetzt war, durchbohrte 1400 m Rotliegend-Schichten. Die Ursache dieser großen und wechselnden Mächtigkeit ist auf die Entstehungsbedingungen zurückzuführen. Große Teile von Mittel- und Süddeutschland begannen im Oberkarbon zu sinken; die Senkung dauerte auch durch die folgenden Formations-Perioden an. Der noch übrige Teil des Variskischen Gebirges wurde stark durch Verwitterung und Erosion abgetragen, da ihn keine Vegetationsdecke schützte. Die in seiner Umgebung entstehenden Senkungsräume wurden mit dem Gesteinsschutt aufgefüllt, den die Flüsse aus dem Gebirgsland heraustrugen. Je tiefer die Senkung ging, um so mächtiger mußten die Decken der roten Verwitterungsmasse werden, die sie zufüllten. So erklärt sich die wechselnde Mächtigkeit. Die rote Farbe der Schichten rührt von einem eisenreichen Aluminiumhydrat her, das die ganzen Massen durchsetzt; es ist der sogen. Laterit, das Endprodukt der Gesteinsverwitterung der Permzeit. Er entstand damals in ungeheueren Mengen und färbte all die Ablagerungen, die zur Perm- und später zur Triaszeit aus dem Schutt des Variskischen Gebirges und der Porphyrdecken unmittelbar oder nach mannigfacher Umlagerung entstanden. (Vgl. auch Abt. III, S. 23.)

Donaustauf) ausstreichen, führt zu der geologischen Folgerung, daß oberkarbonische Steinkohlenschichten auf bayerischem Boden nur in wenigen kleinen Mulden oder Buchten am Rande des Variskischen Gebirges zur Ablagerung kamen, etwa ähnlich wie in Böhmen, wo in zahlreichen kleinen Becken Oberkarbonschichten mit wenigen Steinkohlenflözen liegen. Da in Böhmen die mächtige Decke jüngerer Sedimente fehlt, sind hier die Karbonmulden auf der variskischen Unterlage leichter zu erkennen als in unserem Gebiet, am Westrande der variskischen Masse.

[1]) Arkose = feldspathaltiger Sandstein; man bezeichnet hiermit auch verfestigten Grus kristalliner Gesteine („regenerierter Granit").

3. Die Trias-Schollen.

Die Trias-Scholle Bayreuth-Weiden.

Der Westrand unseres Darstellungsgebietes trennt das Gebiet der fränkischen Brüche mit der Linie Goldkronach—Sulzbach in einen NW.-Teil (Koburg—Bayreuth) und einen SO.-Teil. Der hier zu gebenden Gebietsbeschreibung ist dies insoferne etwas hinderlich, als dadurch Gebiete mit einheitlichem geologischen und tektonischen Bau getrennt zu besprechen sind. Dies gilt namentlich für die langgestreckte Triasscholle, die in ihrem Verlauf von Koburg bis Weiden zwischen die Jura- und Fichtelgebirgs-Randspalte eingeklemmt ist.

Diese Hauptspalten sind von Längs- und Querspalten begleitet, die das geologische Bild komplizieren. Eine solche Längsspalte ist die

Kulmbacher Spalte (C in Abb. 10). Sie kommt aus dem Thüringer Land, quert bei Neuses (südlich von Kronach) das Maintal (hier Jura neben Buntsandstein), zieht über Weißenbrunn (hier Sprunghöhe 700—800 m) über Kulmbach, Bindlach (hier Zanklodon-Letten neben Buntsandstein) nach Stockau und Seybothenreuth. Auf der zuletzt genannten Strecke im Bayreuther Land nimmt die Sprunghöhe rasch ab; südöstlich von Stockau verliert sich die Spalte im Keupergebiet. Ihre Verlängerung nach Südost ist die Keupermulde Neustadt a/Kulm—Pressath—Weiden.

Das Buntsandstein-Muschelkalk-Gebiet.[1])

Die Kulmbacher Spalte splittert vom nördlichen Teil der hier zu besprechenden Triasscholle eine schmale aber langgestreckte östliche Randzone ab, die sich im Bayreuther Land hoch aus der Keuperfläche erhebt und in ihrem Verlauf von NW. nach SO. den Buntsandstein an hochaufragendem Bruchrand weithin freilegt. Diese Randzone ist das Buntsandsteingebiet Kronach—Kulmbach—Weidenberg—Kemnath. Das Steinachtal durchschneidet östlich von Bayreuth die Scholle und trennt dadurch den südlichen Teil ab, der in den Bereich der Abt. V trifft. An den steilen, schmalen Höhenzügen im Westen und Südwesten von Weidenberg lassen sich noch alle die einzelnen Triasschichten (vom Oberen Buntsandstein an aufwärts bis zum Lettenkeuper) nachweisen, die im westlichen Franken große Flächen bedecken (Abb. 10a).

Die tiefste hier zutag tretende Schicht ist der Obere Buntsandstein. Bei Ramsental (7 km nördlich von Bayreuth) ist er annähernd 100 m mächtig. Er ist ein rotbrauner felsiger Sandstein; die oberen Lagen führen reichlich roten Hornstein (Berghang westlich von Weidenberg, Flinsberg nordwestlich von Kemnath). Die grobkörnigen Arkosen (Quarzkörner mit kantigen Feldspatstücken), aus denen der Sandstein besteht, scheinen dem Granitgebirge des Oberpfälzer Waldes zu entstammen.

Rote tonige Schichten (Röt) und fossilreicher Grenzdolomit (namentlich Muscheln) bilden die Grenze gegen den aufliegenden Muschelkalk.

Der Untere Muschelkalk beginnt zwischen Bayreuth und Weidenberg mit einer Ockerkalkbank (20—30 cm), dann folgen ca. 25 m dunkelgraue dünnblättrige Schiefertonlagen mit einigen feinkörnigen, plattigen Sandsteinschichten. Darüber liegen die Wellenkalkschichten, d. h. dünnplattige körnige Dolomitlagen mit welligen Oberflächen. Die feinsandigen Myophorien-Platten beschließen die Stufe.

[1]) Vorliegende Ausführung hat als Grundlage: O. M. Reis, Ausflug in die Trias-Ablagerungen im untern Steinachtal zwischen Laineck, Rodersberg und Döhlau am Oschenberg (Jahresber. d. Oberrhein. geol. Ver. XII, 1923, S. 104; erschien auch als Sonderdruck in „Geologische Ausflüge in die Umgebung von Bayreuth und Berneck“, Bayreuth 1923).

Der Mittlere Muschelkalk (Aufschlüsse besonders schön am Kulmberg südlich von Weidenberg und bei Döhlau, 5 km östlich von Bayreuth). Am Kulmberg sind es graue Dolomitschiefer (ca. 25 m). Bei Döhlau ist das Gipslager noch erhalten; hier sind in der Gipsregion aufgeschlossen: oben ca. 5 m Dolomitschiefer mit massigem Dolomit, darunter liegt das obere Gipsflöz (3 m), dann 3 bis 5 m schieferiger Dolomitmergel, der unten dickbankig wird; er bedeckt das 4 m mächtige Hauptgipsflöz, das man abbaut.

Der Obere Muschelkalk. Die höheren Lagen (12 m Kalk, Mergelkalk und Mergelschiefer) sind am Rodersberg 3 km östlich von Bayreuth, zu sehen. Die tiefste Abteilung, der Trochitenkalk mit seinen Seelilienstielgliedern (ca. 6 m), ist in mehreren Steinbrüchen an der SW.-Seite des Kulmbergs bei Weidenberg aufgeschlossen.

Der Lettenkeuper bedeckt die beiden Höhenrücken zwischen Stockau (Bahnstation südöstlich von Bayreuth) und Weidenberg. Sein Sandsteinflöz wird an mehreren Stellen abgebaut. So ist z. B. beim Kreuzstein (auf der Bocksleite südwestlich von Weidenberg) ein Steinbruch, in dem unter einer 3 m mächtigen Decke von grauen Mergelschichten mit Dolomitbänken das 3,50 m mächtige Sandsteinlager aufgeschlossen ist.

Was die Gesteinsausbildung der hier aus der Gegend zwischen Bayreuth und Weidenberg genannten Triasschichten betrifft, so macht sich das Auskeilen gegen Südosten bereits bemerkbar. Im genannten Gebiet sind zwar noch die drei Muschelkalkstufen deutlich zu erkennen. Im Wellenkalk fällt jedoch bereits die sandige, tonige und dolomitische Art auf, im Gegensatz zu der kalkig-mergeligen Ausbildung im übrigen Franken. Der Hauptmuschelkalk dagegen entspricht im wesentlichen der fränkischen Ausbildung. Gegen Südosten wird die Gliederung mehr und mehr unkenntlich. Bei Kemnath liegt nur noch fossilleerer, dolomitischer Mergelkalk. Die südöstlichsten Spuren von Muschelkalk und Lettenkeuper (sandige Bildungen) wurden seinerzeit bei der geologischen Kartierung bei Tremersdorf auf dem Rücken der Eschenbacher Buntsandsteinscholle gefunden.

Die Buntsandstein-Scholle von Eschenbach.

Von der Jurarand-Spalte zweigt bei Kirchenthumbach eine Seitenspalte in OSO.-Richtung ab, die dem Thumbachtal entlang bis in die Gegend von Grafenwöhr zu verfolgen ist, die sogen. Grafenwöhrer Spalte (G in Abb. 10a). Bei Rauenstetten (3 km südwestlich von Eschenbach) trifft sie auf eine kurze nach Norden (in die Gegend von Tremersdorf) verlaufende Querspalte. Die Eschenbacher Buntsandstein-Scholle liegt im NO.-Winkel dieser beiden Spalten. Sie ist riffartig aus dem Keuper-Gebiet herausgehoben. Selten zeigt sich ein Bruchrand im Landschaftsbild so deutlich wie die Südkante dieser Scholle, die bei Netzaberg mit 80 m hohem Steilabfall über das flachwellige, teilweise versumpfte Keupergelände (Truppenübungsplatz Grafenwöhr) emporragt. Die Sprunghöhe beträgt hier, wo Burgsandstein an Buntsandstein anstößt, ungefähr 500 m. Nach Nordost (jenseits des Creußen-Tales) senkt sich der Buntsandstein unter der normal aufliegenden Keuperdecke ein.

Der tiefe Eisenbahndurchstich durch den Schollenrand südlich von Eschenbach hat das Innere der Sandsteinmasse schön aufgeschlossen. In den Steinbrüchen im Oberen Buntsandstein bei Eschenbach wird zuweilen dessen höchste Schicht, der Grenzdolomit, im Abraum freigelegt, der reich an Muscheln ist. *(Ostrea, Pecten, Gervillia, Myophoria, Natica.)*

Das Keuper-Gebiet Bayreuth—Weiden.

Die Beschaffenheit der Keuper-Schichten weicht in dem hier zu besprechenden östlichen Gebiet wesentlich von der schöngegliederten fränkischen Ausbildung ab. Die Eigenarten der einzelnen Stufen verwischen sich gegen Osten und Südosten mehr und mehr. Daher ist im Osten die Erkennung der einzelnen Keuperschichten nur dann möglich, wenn man sie von Westen, bezw. Nordwesten her verfolgt. In der Bayreuther Gegend sind zwischen den einzelnen Sandsteinzonen die bunten Lettenschiefer mit ihren Dolomitbänken noch großenteils vorhanden. Gegen Südosten hin verschwinden sie aber mehr und mehr. Die Keuperstufen verlieren in dieser Richtung diese Merkmale, die im übrigen Franken die leichtere Trennung ermöglichen.

Hier befindet man sich nämlich am Ostrande des großen triadischen Senkungsgebietes, in der Nähe des Variskischen Gebirges mit seiner permischen Verwitterungsdecke. Von den Schuttmassen, die durch Wind und Wasser in den Senkungsraum getragen wurden, blieben hier in erster Linie die gröberen Bestandteile liegen, während die feineren (Glimmerquarzsand, Glimmerton und Ton) weiter ins Innere des Beckens verschleppt wurden. Deshalb bestehen hier im Osten des süddeutschen Keupergebietes fast alle Stufen aus grobkörnigen Sandsteinen, während die bunten Lettenschiefer und Dolomitbänke gegen das Bayerische Grenzgebirge mehr und mehr verschwinden. Die Sandsteine sind zumeist Arkosen, d. h. sie enthalten viel kantigen Feldspatsand, der aus nicht allzugroßer Entfernung hergeschafft wurde. Einzelne Lagen, wie z. B. die grobkörnigen Rät-Sandsteine sind zuweilen nur wiederverfestigte Massen von Granitschutt.

Der mittlere Teil der langen Keuperscholle (Umgebung von Pressath) bietet auf engem Raume die beste Übersicht über die einzelnen Keuperstufen:

Bei Barbaraberg, 7 km nordwestlich von Pressath, liegen nach H. Thürach[1]) zu oberst auf dem Plateau die grobkörnigen Arkosen und Sandsteine des Blasensandsteins. Am Abhang darunter folgt die Berggipsschicht (vorwiegend schwach sandige Lettenschiefer mit schwachen, weißen Sandsteinlagen). Wo das Gelände sich weiter abwärts wieder terrassenartig ausbreitet, liegt weißer bis hellrötlicher Schilfsandstein (etwa 1 m); darunter folgen graue und rotbraune Lettenschiefer (obere Gipsmergelregion in Franken) und dann graue Lettenschiefer mit den charakteristischen Steinmergelbänken der mittleren Estherienschichten (Gesamtmächtigkeit der Schieferzone ca. 15 m). Darunter liegt der Benker Sandstein, und zwar oben ca. 15 m weißer, grobkörniger Bausandstein (= Freihunger Sandstein), dann ca. 20 m tonige Sandsteinlagen im Wechsel mit bunten, sandigen Lettenschiefern, zu unterst ca. 50 m weiße und gelbbraune, grobkörnige Sandsteine.

Über die einzelnen Keuperstufen sei noch folgendes erwähnt:

Der Benker Sandstein (benannt nach dem Vorkommen beim Kirchdorf Benk, 8 km nordöstlich von Bayreuth) vertritt hier im Osten die untere Abteilung des fränkischen Gipskeupers (Myophorien-Schicht). In der Bayreuther Gegend (Bodenmühle, Creußen) besteht die Abteilung im wesentlichen noch aus buntem Lettenschiefer; gegen Südost nimmt die Sandsteinbildung rasch zu; im Vorbacher Eisenbahntunnel (südwestlich von Kirchenlaibach) wurde sie nach H. Thürach in einer Mächtigkeit von nahezu 100 m angetroffen.

Die grauen Letten und Steinmergelbänke der Estherienschichten (obere Abteilung des Gipskeupers) keilen bei Pressath aus, so daß hier zwischen Benker Sandstein und Schilfsandstein keine sichere Trennung mehr möglich ist. Dafür tritt hier der Bleierz-führende Freihunger Sandstein über dem Benker Sandstein auf. C. W. Gümbel hielt ihn als gleichaltrig mit der

[1]) H. Thürach, Übersicht über die Gliederung des Keupers. (Geog. Jahresh. II. Jg., München 1889).

Bleiglanzbank (Mittlere Myophorien-Schicht) in Franken. H. Thürach dagegen betrachtet ihn als Äquivalent der Sandsteinbank, die im westlichen Mittelfranken (Ansbach—Dinkelsbühl) über dem Schilfsandstein liegt (Abt. IV).

Östlich von Pressath (bei Wohlau und am Eichelberg) führt der Freihunger Sandstein Weißbleierz (alter Bergbau am sogen. Bleiloch am Eichelberg). Bei Freihung sind in der Nähe der Jurarandspalte die Bleierze derart in der 17 bis 20 m mächtigen Sandsteinzone angereichert, daß dort lange Zeit ein reger Bergbaubetrieb herrschte. Das noch in den 80er Jahren abgebaute Haupterzflöz war 1 bis 3 m mächtig und bestand aus ziemlich lockerem, weißlichem Sandstein mit 5 bis 10 % Weißbleierz und Bleiglanz. Das Erz kam teils in kleinen Körnchen vor, teils trat es als Bindemittel knolliger Sandsteinputzen auf.

Die Lehrberg-Stufe, die in Franken aus rotbraunem Lettenschiefer mit den drei Kalkbänken der Lehrbergschicht besteht, wird gegen Ost mehr und mehr sandig. Am Barbaraberg bei Pressath sind es noch 25—30 m rotbraune feinsandige Lettenschiefer; gegen Südosten schieben sich grobkörnige Sandsteinbänke ein; südlich und östlich von Pressath besteht fast die ganze Stufe der Hauptsache nach aus Sandstein. Die lockeren lettigen Sandsteinschichten behalten aber ihre rotbraune Farbe und lassen dadurch die (hier ca. 15 m mächtige) Stufe erkennen. (Aufschlüsse an den Hängen am Eichelberg bei Pressath, bei Freihung und Hirschau).

Die höheren Stufen treten weniger an Hängen auf; sie bedecken die Höhenrücken (Barbaraberg, Eichelberg) oder bilden das flachwellige Gelände.

Das Gebiet des Blasensandsteins erstreckt sich entlang der Bahnlinie Kirchenlaibach—Neustadt—Pressath—Weiden. Er besteht aus rötlichen mittel- bis grobkörnigen lockeren Sandsteinbänken mit vielen Zwischenlagen rotbrauner sandiger Lettenschiefer (40—50 m mächtig). Die Sandsteine sind häufig getigert und braun gefleckt durch Manganoxyd. Im oberen Teil der Stufe liegt eine Dolomitbank (am Eichelberg bei Pressath 1 m) mit großen buntfarbigen Hornsteinknollen; gegen Süden (Freihung, Hirschau, Hahnbach) besteht sie ganz aus Hornstein (1 m).

Über den Blasensandstein-Flächen ist stellenweise noch die Burgsandsteindecke erhalten. Es sind weiße, rötliche und bräunliche Sandsteine, sehr grobkörnig und geröllführend (Unterschied von Blasensandstein). Mächtigkeit bis zu 50 m. Entsprechend der zunehmenden Landsenkung zur Keuperzeit greift der Burgsandstein wesentlich über das Verbreitungsgebiet des Blasensandsteins (südöstliche Grenze Weiden—Amberg) hinaus. Seine Sandsteinmassen mit den charakteristischen Einschlüssen (kantengerundete Quarz- und Quarzitgerölle) liegen noch weit im Südosten, in der Bodenwöhrer Bucht, am Keilberg und bei Straubing unmittelbar auf der variskischen Unterlage. (Abt. III, S. 24.)

Die Sandsteinmassen dieser oberen Keuperstufen sind locker. Wahrscheinlich besaßen sie ursprünglich dolomitisches Bindemittel. Dieses wurde mit der Zeit vom einsickernden Regen- und Schneewasser gelöst und mit dem Grundwasser fortgetragen. Die Oberfläche der aufgelockerten Sandsteine zerfällt. Die losen Sandmassen werden vom Wind und Wasser in der Umgebung verbreitet. Dieser Vorgang, der sich namentlich in der vegetationsarmen Diluvialzeit viel mehr wie jetzt abspielte, hat die weiten Flächen der Oberpfälzer Triasniederungen mit den losen Sandmassen überdeckt, die nur eine dürftige Vegetation ermöglichen und dadurch der Landschaft ein unfreundliches rauhes Aussehen geben (Manteler-, Parksteiner-, Grafenwöhrer Forst mit den verödeten Sandflächen der Umgebung, Truppenübungsplatz Grafenwöhr).

Die diluviale Schotterdecke.

Im Anschluß an die genannten Sandgebiete möge die diluviale Gerölldecke erwähnt sein, welche stellenweise die weiten Niederungen zwischen Jura und Naabtal bedeckt. Hier handelt es sich um zusammengeschwemmte größere Geröllstücke aus dem Keuper und dem Rotliegenden. Sie ist namentlich im Gebiet zwischen Weiden, Neustadt a. W.Nb. und Parkstein zu einer mächtigen Schotterdecke angewachsen.

Die Ursache dieser Schotteranhäufung dürfte in der verhältnismäßig jungen Emporhebung des variskischen Grundgebirges südlich von Luhe (Naabgebirge) zu suchen sein. Die Naab hat diesen granitischen Sattel in dem engen epigenetischen Tal zwischen Luhe und Schwarzenfeld durchbrochen. Bis jedoch der Durchbruch erzwungen war, ertrank der weite nördliche Teil der Naabniederung. Das bei Luhe gestaute Wasser konnte das Geröll nicht weiterschaffen, das die Bäche und Flüsse mitbrachten, und so häufte es sich im Staugebiet hinter der aus dem Boden emporwachsenden Talschwelle an. (Vgl. Talgeschichte der oberen Vils, S. 57.)

Bei dieser Störung im Abfluß des bestehenden Gewässernetzes handelt es sich um die gleiche Ursache, welche die Braunkohlenbecken der Regensburger Gegend und bei Schwandorf das ertrunkene Naabtal mit seinen Seitentälern bedingt (vgl. Abt. III S. 60). Eine ähnliche Erscheinung ist in unserem Darstellungsbereich die Sumpflandschaft zwischen Wiesau, Mitterteich und Tirschenreuth, deren Abfluß durch den jungen Granitsattel von Falkenberg unterbrochen ist.

Die Basaltkuppen im Keuper-Gebiet in tektonischer und morphologischer Beziehung.[1])

Der mittlere Teil der Keuper-Scholle trägt eine Anzahl von Basaltkuppen. Auf der Bahnfahrt Weiden—Bayreuth eröffnet sich bei Neustadt eine entzückende Fernsicht über das Vulkangebiet der Umgebung von Kemnath. Mit breiter Basis erheben sich die Bergkegel aus der Keuperlandschaft und enden in spitzen Basaltkuppen.

In tektonischer Hinsicht[2]) handelt es sich hier um den SW.-Ausläufer des großen Eruptivgebietes, das im böhmischen Mittelgebirge seine Hauptentfaltung hat und sich an die südliche Randspalte des Erzgebirges hält. Diese Spalte beginnt im Nordosten an der Elbe bei Tetschen und zieht über Teplitz-Kommotau bis in die Gegend von Karlsbad. Von hier ab ist sie gegen Südwesten schwer zu erkennen, doch liegen auf ihrer Verlängerung durch das Fichtelgebirge hindurch basaltische Gänge und Basaltdurchbrüche, die sich namentlich im Reichsforst (zwischen Marktredwitz und Mitterteich) zu größeren Bergkuppen vereinen. Wo diese Verlängerung der Erzgebirgs-Randspalte in das Gebiet der Fränkischen Brüche, also in die Region der großen herzynischen Spalten gelangt, liegen die Basaltberge im Triasgebiet von Kemnath, Neustadt und Weiden.

Abb. 11.

Der Hohe Parkstein bei Weiden.

Neben dem Rauhen Kulm (Abb. 6) ist der Hohe Parkstein die auffallendste Basalterhebung im Darstellungsbereich.

(Aufnahme von Dr. A. Wurm.)

Als wichtig sind zu nennen: der Hohe Parkstein bei Weiden (fächerförmige Stellung der Basaltsäulen), der Rauhe Kulm bei Neustadt mit seinen basaltischen Nachbarn, der Waldecker Schloßberg

[1]) Eine eingehende petrographische Darstellung dieser Basalt-Vorkommen hat in letzter Zeit S. Richarz gegeben: „Die Basalte der Oberpfalz" (Zeitschrift der Deutsch-geol. Ges. 72, 1920, S. 1—100); außerdem sind zu erwähnen die Dissertationen hierüber von E. Lord (Heidelberg 1894), H. Kipp (Erlangen 1895), P. Merkel (Erlangen 1895), H. Waldeck (Erlangen 1905). Eine allgemein gehaltene Beschreibung veröffentlichte A. Brunhuber „Die Basaltregion der nordöstl. Oberpfalz" (Berichte des nat. Vereins zu Regensburg XII. 1910).

[2]) In vorliegendem Werke sind die Basaltgesteine in petrographischer Beziehung durch A. Wurm beschrieben S. 24.

und Anzenberg westlich von Kemnath, sowie die basaltische Umgebung von Kulmain (Anzenberg; der Armannsberg und Wunschenberg liegen bereits jenseits der Fichtelgebirgs-Randspalte im kristallinen Schiefer).

Obgleich die Basaltkuppen hier Berge krönen, welche die Form von Vulkankegeln haben, d. h. sich auf breiter runder Basis erheben, nach oben gleichmäßig an Umfang abnehmen und schließlich in einer stumpfen Spitze enden, sind diese Berge doch keine richtigen Vulkanberge, die etwa aus Lavaströmen und Aschendecken rings um den Vulkankrater emporgewachsen wären. Die Eruptionspunkte sitzen vielmehr auf breiten Basaltgängen; die Laven drangen nur stellenweise an die Oberfläche. Manchmal handelt es sich auch nur um Überreste von Ergußdecken, deren Ausbruchszentrum unbekannt ist.

Die freistehenden Berge sind stehengebliebene Reste der Keuperdecke, deren Oberfläche zur Vulkanzeit mindestens die Höhe der Basaltkuppen einnahm. Es ist sogar wahrscheinlich, daß die jetzigen Berggipfel zur Zeit der Basaltergüsse Vertiefungen (Täler) in der damaligen Landschaft waren. Dies läßt sich aus der Tatsache entnehmen, daß in nächster Nähe der erhaltenen Basaltkerne und Basaltdecken tertiäre Braunkohlenschichten vorkommen, d. h. tonige Schichten mit blättrigen Braunkohle-Einlagerungen. Sie sind aus Torfmooren entstanden; diese haben sich vermutlich in Talniederungen gebildet, deren Abfluß für längere Zeit dadurch unterbrochen worden war, daß sich Lavaströme in die Täler ergossen und sie absperrten.

Solche Vorgänge mögen die tertiären Braunkohlenbecken von Mitterteich, Wiesau und Pullenreuth zustande gebracht haben. Besonders wichtig für die obige Erklärung ist der weißliche Tertiärton mit kohligen Zwischenschichten, der rings den obern Teil des Parksteins umlagert. Auch am Anzenberg bei Kemnath kommt derartiger Braunkohlenton vor, allerdings hier nur in geringer Menge.

In der Folgezeit wurde die umliegende Keuperlandschaft durch Abtragung tiefergelegt. Die harten Basaltmassen schützten ihre Umgebung und so blieben rings um die festen basaltischen Gesteinszentren die Keupergesteine erhalten, während die Umgebung mehr und mehr zerfiel, abgewaschen und abgetragen wurde. Das Landschaftsbild wurde dadurch umgekehrt. Wo während der Vulkanzeit Vertiefungen lagen, sind nun freistehende Berge, die weithin die abgetragene Umgebung überragen.

Das Alter der Basalteruptionen ist mitteltertiär. Bei Eger und im Reichsforst bei Mitterteich liegen nämlich mittel- und obermiozäne Schichten über den vulkanischen Gesteinen, während die älteren oligozänen Schichten in Böhmen von den Basaltgängen noch durchbrochen sind.

Die Keuper-Gebiete Hahnbach—Hirschau—Schnaittenbach—Wernberg.

Die Keuper-Mulden von Hahnbach und von Hirschau—Wernberg gehören zu den geologisch interessanten Gebieten Nordbayerns. Der Schichtenaufbau ist zwar einfach: mittlerer Keuper bis oberer Jura. Mehrere Aufschlüsse geben aber guten Einblick in die Schichten und ihren Fossilinhalt und sind damit für die Stratigraphie des östlichen Jura-Gebietes wertvoll. Besonderes Interesse bietet aber die Tektonik und Morphologie der Gegend.

Die Hahnbacher Keuper-Mulde.

Diese Mulde liegt zwischen den Jura-Gebieten von Amberg und Vilseck. Es handelt sich hier um einen langen tektonischen Sattel, von dem die Sedimentdecke großenteils abgetragen ist. Eine ähnliche Erscheinung wiederholt sich weiter im Südosten zwischen Schwandorf, Burglengenfeld und Nittenau, im Gebiet des Schwandorfer Sattels. (Vergl. Abt. III, S. 58.) Im vorliegenden Fall bei Hahnbach hat sich auf der Linie Nabburg—Hahnbach—Eschenfelden ein tektonischer Sattel emporgefaltet. Seine östliche Hälfte ist so hoch emporgestiegen, daß die

Sedimentdecke völlig zerstört und verschwunden ist und das variskische Grundgebirge (bunter Gneis und Granit) weithin zutage tritt. Es ist das „Naabgebirge“ C. W. Gümbels. In der weniger hoch emporgetriebenen Umgebung ist nur die Juradecke mit den oberen Keuper-Schichten abgetragen.

Gegen Westen verliert sich die Aufsattelung im Dolomit-Gebiet. Der Dogger-Ausstrich im Tal von Eschenfelden mitten in der dolomitischen Umgebung ist die westlichste Auswirkung der Sattelbildung. Am Nordrande des Beckens zwischen Hahnbach und Vilseck sind die Ränder der nordwärts erhaltenen Juradecke gegen die Bucht hin aufgebogen und bilden den gleichen schön abgestuften Steilrand wie an der Stirne des Jura-Westrandes in Mittel- und Oberfranken (Abt. IV und VI); gegen das Vilsecker Juragebiet hin neigen sich die Schichten und verlaufen mit zunehmender Verebnung gegen das versumpfte Vilsecker Senkungsgebiet (S. 57).

Auch der westliche und südwestliche Beckenrand ist morphologisch als deutlicher Stufenrand kenntlich trotz der Sulzbach—Amberger Randspalte, die nicht weit hinter ihm und parallel zu ihm im Juragebiet verläuft. Der Mariahilfberg von Amberg ist ein Restberg des gegen Norden aufgebogenen Stufenrandes. (Vgl. das nebenstehende geol. Profil.)

Der Umstand, daß im mittleren Teil der Bucht (Gebenbach—Aschach) die Lias-Doggerdecke noch teilweise erhalten ist, stört etwas den im übrigen einfachen Sattelbau. Die Ursache liegt in der Naab-

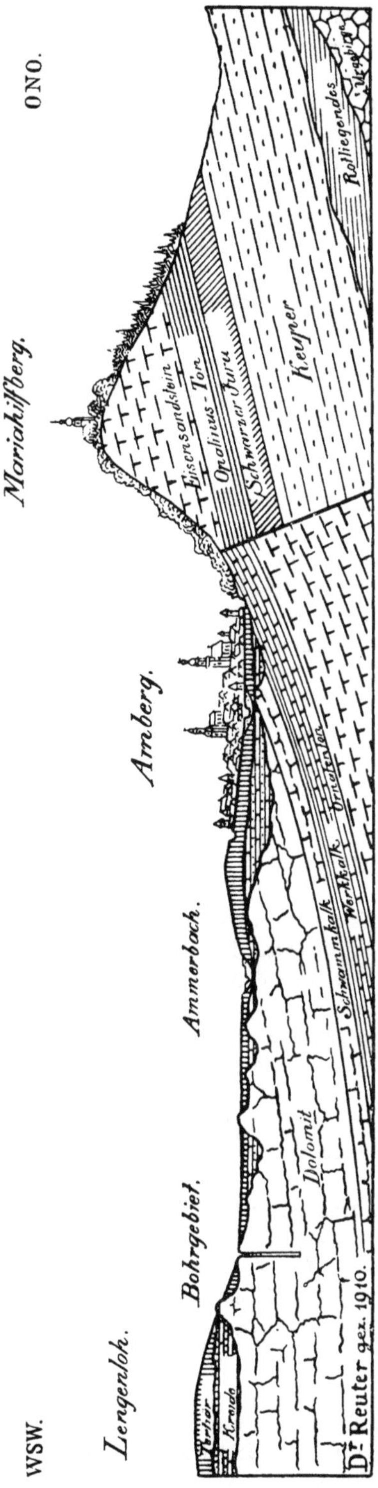

Längen 1 : 37 500; 5 fach überhöht. Entw. u. gez. von L. Reuter.

Abb. 12.

Geologisches Profil durch die Gegend von Amberg.

Die Bohrung auf der linken Profilseite wurde ausgeführt, um das Jurawasser zu erschließen, das zur Erweiterung der städtischen Wasserversorgungs-Anlage benötigt wurde.

gebirgs-Randspalte, die von Gebenbach in südöstlicher Richtung über Krondorf und von da dem Westrande des granitischen Blauberges entlang verläuft. Ihr Westflügel ist im Bereich der Sattelachse so tief abgesunken, daß hier eine kleine tektonische Mulde entstanden ist. In ihr entströmen im Quellkessel von Urspring bedeutende Verwerfungs-Quellen dem Boden (ca. 50 Sek.-Liter; die Stadt Amberg wird von hier mit Wasser versorgt; der tägliche Zufluß zum Hochbehälter beträgt 3500 cbm Quellwasser). Die hier vorhandenen Keuper- und Juraschichten werden sogleich an Hand der Hirschau-Ehenfelder Aufschlüsse besprochen.[1])

Die Keuper-Mulde Hirschau—Schnaittenbach—Wernberg.

Zwischen dem kristallinen Naabgebirge und den nordwärts liegenden Rotliegend-Rücken von Kohlberg erstreckt sich ein Tieflandstreifen, in dem der kleine Ehenbach ostwärts zur Naab fließt. Diese breite Terrainfurche ist mit Keuperschichten erfüllt, die im Süden anscheinend normal dem Rotliegenden und der variskischen Unterlage angelagert sind, im Norden an der Verwerfungsspalte Ehenfeld—Luhe—Leuchtenberg enden.

Die tiefste Zone in der Keuperbucht ist grobkörniger Sandstein, der so reichlich mit Kaolin durchsetzt ist, daß dieses hier durch Schlämmen des zerkleinerten Gesteins in großen Fabrikanlagen gewonnen wird.

Der Hirschauer Kaolinsandstein ist nach H. Thürach gleichalterig mit dem Freihunger Sandstein, der 8 km weiter nördlich das Bleierzlager enthält. Das Gestein ist im wesentlichen Urgebirgsschutt, dem durch huminsaure Grundwässer unter besonderen klimatischen Verhältnissen die Kieselsäure und die Eisenmineralien entzogen wurden. So entstand eine entfärbte, weiße Verwitterungsdecke; ihre zur Keuperzeit zusammengeschwemmten Rückstände sind die Kaolinlager von Hirschau und Schnaittenbach. Die roten Lettenschichten der höheren Keuperstufen sind dagegen umgelagerte Reste der eisenreichen roten permischen Lateritdecke, der die Verwitterungsvorgänge nur die Kieselsäure entzogen haben.

Das Gebiet nördlich von Hirschau (Umgebung von Ehenfeld) zeigt die ganze Schichtenfolge vom Mittleren Keuper bis Oberen Dogger.[2])

Im Blasensandstein ist die 1 m dicke Carneolbank bemerkenswert, von deren Verwitterung die roten Jaspis-ähnlichen Gerölle des Gebietes herkommen.

Die höheren Schichten haben viel Übereinstimmung mit den mittelfränkischen Keuper- und Juraschichten der Gegend Altdorf—Neumarkt—Gunzenhausen (Abt. IV).

Im rotbraunen Zanklodon-Letten (23—35 m) liegt die charakteristische harte, weiß- und rotgefleckte Konglomeratbank. Das Rät (28 m) besteht in der unteren Hälfte aus grobkörnigen Sandsteinbänken, in der oberen Hälfte aus rotbraunen Lettenschichten. Eine lockere Sandsteinbank (1,8 m) mit Eisenschwartendecke ist die obere Keupergrenze.

Der Schwarze Jura (22 m) beginnt mit dem grobkörnigen Arietensandstein (1,70 m); dieser ist fossilleer, die groben Quarzkörner liegen in rostfarbigem, kalkigem Bindemittel. Da er die härteste Gesteinsbank der ganzen Schichtenfolge ist, tritt er überall als deutliche Kante an den Plateaurändern hervor. Am Ostrand der Hahnbacher Bucht bildet er die Kante der ganzen Hügelkette. Die darüber folgenden Mergelkalk- und Mergelton-Schichten sind fossilreich. Die Posidonienschiefer-Zone ist hier 13 m mächtig; der eigentliche bituminöse Schiefer liegt im untern Drittel unter der Monotis- und Communis-Bank. Der hellgraue Jurensis-Mergel (2,70 m) ist außerordentlich reich an kleinen verkalkten und verkiesten Ammoniten (besonders häufig *Harpoceras falcodiscus Qu.*), ähnlich wie in der Gegend von Neumarkt i. Opf.

[1]) Näheres über das Liasgebiet von Mimbach (am Ostrand der Hahnbacher Bucht) findet sich im „Kleinen geol. Führer durch einige Teile der Fränk. Alb“ von L. v. Ammon, München 1899 S. 43.

[2]) Diese Schichten der Umgebung von Ehenfeld und ihr Fossilinhalt wurde in letzter Zeit eingehend beschrieben durch X. Schnittmann: Beiträge zur Stratigraphie der Oberpfalz (Ztschr. d. Deutsch. Geol. Ges. 1922). Dieser Abhandlung sind obige Angaben entnommen.

Brauner Jura. Der Opalinus-Ton (Braunjura α) (58 m am Hag, 74 m bei Ehenfeld) besteht aus schwärzlichem Mergelschiefer.

Der Umfang der Eisensandstein-Schichten (Braunjura β) ist hier nach X. SCHNITTMANN wesentlich größer als bisher angenommen wurde. Er umfaßt nach ihm eine Schichtenreihe von 168 m. Bestätigt sich durch die weitere Forschung die SCHNITTMANN'sche Beurteilung, so hätte hier der Braunjura β größere Mächtigkeit als in irgend einem anderen süddeutschen Gebiet. Nach X. SCHNITTMANN sind die unteren Lagen weiße Tonsandstein-Schichten mit roten Tonlagern (Ehenfelder Ton). Die frühere Beurteilung gab diesen Schichten tertiäres Alter. Auch der zwischen Ehenfeld und Freihung gebrochene Mühlsandstein gehört nach X. SCHNITTMANN der unteren Eisensandstein-Zone an. C. W. GÜMBEL hatte ihn als Rät-Sandstein bezeichnet. Über dem Ehenfelder Ton folgen zunächst noch tonige Sandsteinlagen (54 m), dann erst kommt der typische gelbe Eisensandstein (50 – 60 m). Die höheren Schichten sind hier abgetragen, erst weiter im Westen treten sie am Stufenrand bei Adlholz und Schlicht auf.[1])

4. Die Jura-Gebiete im Südwesten.

Das Jura-Gebiet von Vilseck.

Im Norden der eben besprochenen Keuperbuchten beginnt das Vilsecker Jura-Gebiet mit dem schönen gegen Süden gerichteten Stufenrand (Burgsandstein bis Unterer Weißer Jura). Von ihm fallen die Schichten, die auf der Nordflanke des Hahnbacher Sattels liegen, nach Norden hin ein und senken sich unter das Vilsecker Becken. Dieses ist ein kleines Senkungsgebiet bezw. eine Vortiefe im Vorland des Hahnbacher Sattels.

Im Osten und Nordosten wird das Vilsecker Becken umrahmt von dem gegen die Jurarand-Spalte (Pappenberg—Freihung) aufgebogenen Schollenrand, im Westen von den Dolomithöhen zwischen Hopfennohe und Königstein.

Der mesozoische Boden besteht im wesentlichen aus Eisensandstein, nur im Süden und Westen auch aus unterem Weißjura. Er ist fast überall mit losen Sandmassen überschüttet. Weiter im Nordwesten (Auerbach, Veldensteiner Forst) liegen über dem jurasischen Untergrund (Dolomit) grobkörnige Sandsteinmassen. C. W. GÜMBEL nannte sie „Veldensteiner Sandstein"[2]), und konnte sie als eine der tiefsten Lagen der oberkretazischen Formation bestimmen (nach dem Befund fossilführender Kalkbänke, die bei Betzenstein auf dem Sandstein liegen). Bei Auerbach bricht man die festeren Bänke als Bausteine. Meistens ist das Gestein jedoch so locker gebunden, daß es leicht zu Sand zerfällt. Derart zerfallenen Sandsteinmassen entstammt wohl der über das Vilstalbecken verbreitete Sand. Lehmige und tonige Schichten, wie sie sonst die Jurafläche bedecken, sind hier seltener.[3]) Dort, wo der Sand auf Jurakalk liegt, kommen häufig Eisenerze vor, die in taschenartigen Vertiefungen des Jurakalkes zusammen mit dem weißen Sand über Anhäufungen von Hornsteinknollen und Ton liegen.

Das Gebiet hat ein rauhes Aussehen. Schuld daran sind neben der dürftigen Sandvegetation die vielen Versumpfungen, Torfgründe und Weiher. In der Niederung zwischen Vilseck und Auerbach reiht sich Torfmoor an Torfmoor. Dies deutet auf Wasserstauung auf langsam sinkenden Untergrund.

Über die Talgeschichte der oberen Vils (Vilseck-Amberg).

Das Vilsecker Becken ist jetzt das Quellgebiet der Vils. Die soeben erwähnten Versumpfungen darin zeigen, daß die heutige Vils nicht imstande ist, ihren Mittellauf so zu vertiefen, um den Quellkessel von derart ausgedehnten Versumpfungen frei zu halten. Während im Verlauf normaler Täler das größte Gefälle im Ober-

[1]) Der obere Braune Jura dieses Gebietes ist beschrieben in: „L. REUTER, Ausbildung des oberen Braunen Jura". Geognost. Jahreshefte XX, 1907, S. 70.

[2]) Auf Blatt V der geol. Übersichtskarte mit c bezeichnet.

[3]) Über die „Tertiäre Albüberdeckung" vgl. Abt. III, S. 40.

lauf liegt, ist es hier umgekehrt. Die Erklärung hiefür verlangt eine kleine tektonisch-morphologische Einschaltung.

Wie bereits oben (S. 54) erwähnt, hat sich im Käuozoikum (wahrscheinlich im jüngeren Tertiär und Diluvium) der Naabgebirgs-Sattel aufgewölbt (Achse: Nabburg—Hahnbach—Eschenfelden). Er versperrte dem von Norden nach Süden abfließenden Wasser (Naab) den Weg solange, bis er durchnagt war. Die Durchbrechung erfolgte schließlich an zwei Stellen: im Vils- und im Naabtal. Zuerst gelang sie am westlichen Ausläufer des Sattels, denn die Hebung war im Osten größer als im Westen; außerdem war im Westen nur weicheres Gestein (vorwiegend Sandstein und Mergelschiefer) zu durchnagen, während die Naab, die ihr altes Tal zu behaupten suchte, auch noch die granitische Unterlage zu bewältigen hatte. (Abt. III. S. 60.) Bis sie hier ihr epigenetisches Tal fertig hatte, suchte sich das im weiten Naabkessel (nördlich und nordwestlich von Luhe) angestaute Wasser einen Notausgang im Westen über Freihung und Vilseck. Damals mag der Vilsdurchbruch bei Schlicht (südlich von Vilseck) zustande gekommen und das weite Hahnbacher Becken im lockeren Keuperboden ausgeräumt worden sein. Als dann die Naab die granitische Schwelle von Luhe—Nabburg bezwungen hatte, war wiederum hier wie einst der Abfluß des Naabbeckens. Nur die kleinen Flüßchen, die sich bei Vilseck zusammenfinden (Vilslein, Fichtennohe, Schmalnohe) gingen der Naab verloren und sind nunmehr die Quellflüsse der Vils. Die in ihrer Wassermenge wesentlich eingeschränkte Vils hatte nicht mehr die Kraft, sich in dem immer noch etwas emporsteigenden Sattelboden tief genug einzuschneiden und so ertrank gewissermaßen die im Norden der Aufsattelung liegende Vortiefe, d. h. die Vilsecker Bucht. Sie ist mit ihren vermoorten und versumpften Talgründen ein Beispiel für eine verhältnismäßig junge tektonische Mulde mit ungenügender Vorflut.

Das Sulzbacher Jura-Gebiet.

Im äußersten Südwesten des Bereichs der Abt. V liegt noch ein kleines Stück des eigentlichen Jura-Gebietes. Gegen die Hahnbacher Bucht hin ist es durch die Sulzbach-Amberger Verwerfung begrenzt. An ihrem Nordflügel verläuft parallel zu ihr der Jura-Stufenrand (Burgsandstein bis Weißjura). Südlich von dem durch seine Eisenerzführung bedeutenden Spaltenzug liegt das Dolomitgebiet des Oberpfälzer Juras. Über seinen geologischen Aufbau und seinen landschaftlichen Charakter ist bereits in Abt. III, S. 30 eine kurze Ausführung gegeben.

Nutzbare Bodenschätze.

Von Dr. HEINRICH LAUBMANN und Dr. ADOLF WURM.

Quarz. Feldspat. Durch die reichen Waldbestände begünstigt, hatte sich schon frühzeitig im inneren Bayerischen Wald, Oberpfälzer Wald und zum Teil auch im Fichtelgebirge ein ausgedehnter Glashüttenbetrieb angesiedelt, der als bodenständige Industrie naturgemäß bestrebt war, sein hauptsächlichstes Rohmaterial, den Quarz, aus heimischen Boden zu decken.

Diesem Zwecke dienten eine ganze Reihe von Quarzbrüchen, so der Quarzbruch bei Zwiesel, am Hühnerkobel und an der Frath bei Bodenmais, von Herzogau bei Waldmünchen, die alle unbewußt im Pegmatit angelegt waren,[1]) während man im Fichtelgebirge, wo sich in Warmensteinach heute noch die Paterlindustrie[2]) erhalten hat, den sogen. Proterobas (Grünstein) von Fichtelberg für diesen Spezialzweck verarbeitet. Später, als sich die Glasindustrie modernisierte und sich in unmittelbarer Nähe der Verkehrswege ansiedelte, verzichtete sie auch auf das heimische Rohmaterial. An Stelle der stillgelegten zahlreichen Eisenhammerwerke haben sich in den flußreichen Tälern des Bayerischen und Oberpfälzer Waldes vielfach Glasschleifereien eingerichtet, die insoferne heimische Bodenschätze verarbeiten, als sie den sogen. Oberpfälzer Smirgel und die Bodenmaiser Potée als Schleif- und Poliermittel verwenden.

Nichtsdestoweniger sind Quarz und besonders Feldspat auch heute noch stark begehrte Rohmaterialien für unsere hochentwickelte Porzellanindustrie, die im Jahre 1814 durch CAROLUS MAGNUS HUTSCHENREUTHER in Hohenberg a. d. Eger (Oberfranken) begründet und seitdem auch in der Oberpfalz heimisch wurde. Als Träger dieser Mineralien sind die Pegmatite anzusehen, die besonders im Bayerischen und Oberpfälzer Wald in weiter Verbreitung den Gneis gangförmig durchsetzen und schon vielfach für die Zwecke der keramischen Industrie abgebaut werden, so am Hühnerkobel bei Rabenstein, hauptsächlich aber bei Hagendorf, Burkhardsrieth, Zeßmannsrieth, bei Windisch-Eschenbach, Wildenau—Plößberg u. a. a. O.

Auch andere Quarzvorkommen werden nutzbar gemacht, so der Pfahlquarz bei Viechtach und Altrandsberg für die Zwecke der elektrotechnischen Industrie, Kunststeinfabrikation und als Schottermaterial (Abt. III), die linsenförmigen Quarzbildungen der metamorphosen Schiefer und die meist mit tonigen Bestandteilen gemengten Quarzsande des Keupers (Freihung i. d. Oberpfalz). Wohl am zweckmäßigsten verwertet man einen derartigen Keupersandstein, eine granitische Arkose, die man irrtümlicherweise als Pegmatit bezeichnete, als keramisches Rohmaterial zur Herstellung gewisser technischer Porzellane. Er ist im Manteler Forste bei Weiden in ausgedehntem Maße abgelagert und wird in Steinfels, bei Parksteinhütten, im Waldbezirke Kalkhäusel und bei Kaltenbrunn abgebaut.

Oberpfälzer Smirgel. Dieser wurde besonders früher aus einem granatführenden Hornblendeschiefer, der dem Granit bezw. dem Gneis eingelagert ist, bei Albesrieth und Erpetzhof nächst Weiden und bei Wildenreuth unfern Erbendorf (vgl. Abb. 13) meist im Tagebau gewonnen und verdankt seine Eigenschaft als Schleifmaterial dem mehr oder weniger reichlichen Granatgehalt. Auf die Bodenmaiser Potée wurde schon in Abt. III, S. 61 hingewiesen.

---

[1]) Diese Vorkommen mögen die auf S. 68 der Abt. III erwähnten vervollständigen.

[2]) „Paterlen“ = Glasperlen.

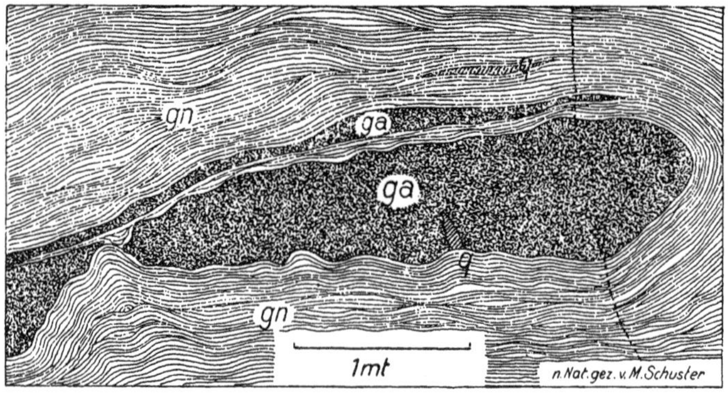

Abb. 13.

Einlagerung von Smirgel im Hornblendegneis von Wildenreuth bei Erbendorf.

ga = Smirgel (Granat-Amphibolit); gn = Hornblendegneis; q = Quarzgänge; --- Steinbruchumbiegung.

Feuerfeste Tone. Im regen Abbau werden besonders in der Oberpfalz feuerfeste Tone gewonnen, die für keramische und die Zwecke der Papierfabrikation gleich weitgehende Verwendung finden. Hieher zählen besonders die Tonvorkommen, aus der Gegend von Waldsassen und Steinmühle, von Schönhaid bei Wiesau, von der Schmellitz bei Tirschenreuth, Schwarzenfeld bei Nabburg und von Hirschau-Schnaittenbach bei Amberg (S. 56).

Hartsteine (Granit und ähnliche Gesteine). Einen breiten Raum im Darstellungsgebiet nimmt die Hartsteinindustrie ein. Ursprünglich aus örtlichen Bedürfnissen hervorgegangen, lieferte sie bald den in allen Formen bearbeiteten Granit für Bauzwecke auch nach Gebieten außerhalb Bayerns.

Nach Einführung des Schleifbetriebes durch Erhard Ackermann in Weißenstadt in den 50er Jahren des vorigen Jahrhunderts war sie zur Exportindustrie geworden, die das so bearbeitete heimische, daneben allerdings auch das farbenprächtigere schwedische Material nach aller Herren Länder liefert. Als heimisches Material kommen in erster Linie der Granit, der in allen Korngrößen, engbegrenzt aber in seinen Farbschatttierungen, reichlich zur Verfügung steht, darunter der sogen. Syenit (C. W. Gümbels Hornblendegranit, Redwitzit von Weinschenk) als blaues Gestein, der Proterobas (Lamprophyr) des Ochsenkopfes mehr grünlich und wenig auch der weißgraue Marmor des Wunsiedler und Redwitzer Kalkzuges in Betracht. Auch die devonischen Kramenzelkalke des Frankenwaldes (Hof, Köstenberg) eignen sich in ihrer flaserigen Beschaffenheit und ihren grauen oder rötlichen Tönungen hervorragend für Schleifzwecke und haben bei der Innendekoration vieler öffentlicher und privater Bauten schon vielfach Verwendung gefunden. Durch ausgedehnten Bruchbetrieb, wie in der Reuth bei Gefrees, am Rudolphstein, Waldstein (Abb. 3, S. 20), Lehstenberg, Epprechtstein, Kornberg. Kaiserhammmer, bei Selb, an der Luisenburg, Kösseine, am Fuchsbau, bei Gregnitz, Fichtelberg, Bischofsgrün, Wölsau bei Marktredwitz, Friedenfels, Tirschenreuth, Plankenhammer, an der Flossenbürg usw., wird das Material beschafft, auf den Werkplätzen fassoniert und in den für den Verkehr günstig gelegenen Schleifereien fertiggestellt. So liefert heute die hochentwickelte Granitindustrie ebenso leicht Pflaster- und Randsteine wie künstlerische Architektur- und Bildhauerarbeiten. Gutes Material für Pflastersteine liefern die sogen. Redwitzite bei Redwitz und in der Gegend von Tirschenreuth und Floß und ein sehr geschätztes Schottermaterial die Diabase und Diabastuffe der Umgegend von Hof (Hofeck, Köditz, Selbitz), zwischen Ludwigschorgast und Kupferberg, im Rimlasgrund bei Berneck und bei Ludwigstadt.

Basalt. Von wirtschaftlicher Bedeutung ist ferner die bayerische Basaltindustrie, die in den Grenzbezirken von Oberpfälzer Wald und Fichtelgebirge ansäßig ist.

Ihre Wiege steht in Steinmühle bei Mitterteich, wo in den 60er Jahren des vorigen Jahrhunderts erstmals das Basaltkleingeschläge für die Zwecke der Straßenbeschotterung hergestellt wurde. Seitdem arbeiten am Armansberg bei Kulmain, am Weidersberg bei Brand, Groschlattengrün bei Marktredwitz, Triebendorf bei Wiesau und Steinmühle die Basaltwerke mit modernen Betriebseinrichtungen und liefern das bewährte Schottermaterial für unsere rühmlichst bekannten Straßen.

S e r p e n t i n. Für ähnliche Zwecke, besonders für den Oberbau der Bahnen, verwendet man das Kleingeschläge des S e r p e n t i n s, der infolge seiner eigentümlichen Struktur wohl das widerstandsfähigste Gesteinsmaterial ist.

Ein gewisses Vorurteil macht leider immer noch einen Unterschied zwischen seiner dichten und schaligen Ausbildungsform. Von den beträchtlichen Serpentinvorkommen des Oberpfälzer Waldes und Fichtelgebirges wird nur dasjenige von Wurlitz bei Rehau im rationellen Betriebe abgebaut. (Vgl. Abb. 14.) Sonst macht man die im Serpentin bei Erbendorf und Schwarzenbach a. d. Saale

Abb. 14.

Bruch im Serpentin von Wurlitz bei Rehau.

Der Serpentin an der Wojaleite bei Wurlitz wird in mächtigen Brüchen gewonnen. Seine eigenartige krummschalige Absonderung ist auf dem Bild gut zu erkennen.

Aufnahme von Dr. M. SCHUSTER.

auftretenden Nester von A s b e s t und T o p f s t e i n nutzbar. Das letztere Material, das in größerer Menge sich besonders bei Erbendorf findet, wird auch als Specksteinersatz zur Herstellung der Specksteinbrenner und für keramische Zwecke verwertet.

S p e c k s t e i n. Dieses Mineral selbst, das sich zwischen Göpfersgrün und Thiersheim in Nestern am Granit-Kalk-Kontakt abgelagert hat, ist im Laufe der Zeit zu einem hervorragenden Werkmaterial geworden, das industriell zur Herstellung der bekannten Specksteinbrenner und in neuester Zeit besonders aber als keramischer Zuschlag für die Zwecke unserer hochentwickelten elektrotechnischen Industrie weitgehend ausgebeutet wird.

K a l k s t e i n. Gegenstand einer lebhaften Steinindustrie sind auch die beiden K a l k b ä n d e r, die zu beiden Seiten des Kösseinestockes von Wunsiedel—Thiersheim—Arzberg und von Neusorg—Pullenreuth—Waltershof—Marktredwitz durch den Phyllit ziehen. Der größte Teil des Materials wird gebrannt und dient als Weißkalk im Baugewerbe und als Düngemittel für die Landwirtschaft.

Dach- und Griffelschiefer. Wetzsteine. Diese Industrie, die früher bei Ludwigstadt und anderen Orten des Frankenwaldes in hoher Blüte stand, ist gegenwärtig wegen des scharfen Wettbewerbs des besseren thüringischen Materiales fast ganz zum Erliegen gekommen. — Dagegen hat sich die Wetzsteinindustrie, die für diese Zwecke die feinsandigen Tonschiefer und Quarzite des Unteren Silurs in der Gegend von Lauenstein (Gemarkung Bärenbrunn, Pechleite, Kohlstatt u. a. a. O.) und die Kulmsandsteine und dichten quarzitischen Tonschiefer der Kulmformation in der Gegend von Nordhalben, im Ködelgrund bei Tschirn als Werkmaterial benützt, noch erhalten und war besonders während des Krieges gut beschäftigt.

Eisenerzablagerungen. Die noch in den Bereich unserer Abteilung fallenden nutzbaren Eisenerzablagerungen bei Langenbruck und besonders von Sulzbach werden im Zusammenhang mit dem geologisch gleichgelagerten Amberg-Auerbacher Erzkörper bei Abteilung VI behandelt. (Vgl. auch die Mitteilungen über dieses Erz auf S. 42 und S. 67 der Abt. III). An sonstigen Eisenerzen sind zu nennen die Thuringiterze des Frankenwaldes, die unbedeutenden oberdevonischen Roteisenerzlager von Langenbach bei Steben, die Erzvorkommen der Umgebung von Stadtsteinach, die Spateisensteingänge der Stebener Gegend und schließlich die metasomatischen Spat- und Brauneisenerzlager des Wunsiedler und Redwitzer Kalkzuges, von Eulenlohe, Pullenreuth, Arzberg.

Auf allen diesen Vorkommen ging früher ein reger Bergbau um, der aber seit Mitte vorigen Jahrhunderts zum Erliegen kam. Nur das alte Eisenglimmervorkommen am Gleisingerfels bei Fichtelberg wird neuerdings wieder abgebaut, ebenso wie das ehemalige Brauneisenerzlager im Phyllitgneis des Teichelrangen bei Pfaffenreuth im Waldsassischen, wo man neuerdings das Ursprungserz der Lagerstätte, den Schwefelkies, gewinnt.

Kupfererze. In der Umrahmung der Münchberger Gneismasse treten an mehreren Stellen Kupfererzlagerstätten auf, deren bedeutendste Kupferberg ist. Seit kürzer Zeit wird dieselbe wieder abgebaut.

Gold. Zinn. Blei. Der Goldbergbau von Goldkronach und der Zinnerzbergbau des Fichtelgebirges, die bis in das 13. resp. 14. Jahrhundert zurückreichen, wurden neuerdings wieder aufgenommen und so baut man heute in Brandholz auf Gold und in Schönlind-Weißenhaid bei Weißenstadt die gangförmigen Zinnerzvorkommen und am Seehaus die Seifen auf Zinnerz ab. Die gangartigen Bleierzvorkommen von Erbendorf sind wieder in Abbau genommen, während die früher abgebaute Imprägnationslagerstätte im Keuper bei Freihung (Oberpfalz) zur Zeit unbebaut ist.

Kohle. Junge tertiäre Braunkohle versuchte man auf der Zottenwiese (Schindellohe) und bei Schirnding abzubauen, ebenso das lange bekannte Vorkommen von Steinkohle bei Erbendorf. Torf, der in den Torfmooren der Seelohe, im Zeidelmoos, in der Torfmoorhölle im Fichtelgebirge, bei Mitterteich, Waldsassen und Tirschenreuth, in dem ausgedehnten Moorgebiete des Keupers der Oberpfalz abgelagert ist, wird nur für örtlichen Bedarf gewonnen.

Mineralquellen. Nicht zu vergessen sind als flüssige Bodenschätze die zahlreichen Mineralquellen, die im Bereiche des Darstellungsgebietes heilspendend zutage treten und zum Teil für Kur- und zum Teil für Trinkzwecke wirtschaftlich ausgenutzt werden. Eine Reihe von Eisensäuerlingen, die im Durchbruchsgebiet der Basalte oder in dessen unmittelbarer Nähe emporquellen und zweifellos mit diesen zusammenhängen, zählt hieher, so die Stahlquelle des Alexanderbades bei Wunsiedel, die vortrefflichen Quellen des Ottobades bei Wiesau, die Säuerlinge bei Groschlattengrün (Silvanasprudel), Kondrau bei Waldsassen (Prinz-Ludwigs-Quelle) und von Kothigenbibersbach bei Hohenberg a. d. Eger. Wieder andere Eisensäuerlinge stehen mit den Stebener Erzgängen in Verbindung, als deren Hauptvertreter die rühmlichst bekannten Stebener Quellen anzusehen sind. Ähnliche Quellen treten dann noch in dem benachbarten Langenau (Max-Marienquelle), im Höllental (Höllensprudel), an der Krötenmühle im Muschwitztal und bei Leupoldsgrün zutage.

Anhang.

Minerallagerstätten.

Von Dr. H. Laubmann.

Die letzten Ausläufer der Pfahlverwerfung werden im Jura durch die den Amberg-Sulzbacher Eisenerzlagerstätten völlig analogen Ablagerungen von Vilseck-Kirchenthumbach-Langenbruck und im Keuper durch das schon lange bekannte, verschiedentlich auch abgebaute **Bleierzvorkommen** begleitet, das sich von Freihung bei Vilseck über Eichelberg, Wollau bis nach Pressath verfolgen läßt. Der Sandstein ist imprägniert mit körnigem oder dichtem Weißbleierz, das sich zu Putzen und Nestern anreichern oder hin und wieder auch in prachtvollen Drusen des kristallisierten Minerales auftreten kann. Das selten mit erscheinende Grünbleierz, auch das bekannte gut kristallisierte Vorkommnis von Tanzfleck bei Freihung, ist durchwegs auf Spaltrissen abgesetzt, während der Bleiglanz als Vererzungsmittel von Koniferenholz auftritt.

Zwischen Freihung und Tanzfleck finden sich im Keupersandstein nierenförmige **Psilomelan**-Konkretionen von recht ansehnlicher Größe, ähnlich wie solche auch von Gebenbach nördlich von Amberg und zwischen Hirschau und Ehenfeld bekannt geworden sind.

Im Anschluß an das eben genannte sei auch gleich das im Mittelalter mehrfach abgebaute Bleierzvorkommen vom Silberrangen bei Erbendorf erwähnt. Die Erzgänge setzen im Gneis auf und brechen nach neueren Feststellungen auch in die anliegende Kohlenformation ein.[1]) Die Erzführung besteht überwiegend aus großblätterigem Bleiglanz, in dem als zweites Haupterz eine derbe Zinkblende eingesprengt ist. Weitere Gemengteile sind noch Kupfer- und Schwefelkies, die aber seltener auftreten. Als Neubildungen finden sich meist schön kristallisiertes Weißbleierz und von der Gangart, die in der Hauptsache von Quarz, daneben noch von Schwer-, Braun- und Kalkspat gebildet wird, findet sich nur der letztere hin und wieder in Kristalldrusen.

Auch im Bereiche dieser Abteilung nehmen die **Pegmatite** als Träger ebenso interessanter wie mineralreicher Lagerstätten einen breiten Raum ein. Auf ihre Charakteristik und Einteilung nach der verschiedenen Mineralführung, die in Abtlg. III bereits gegeben und auch hier eingehalten werden soll, wird daher verwiesen. Insoferne aber tritt hier noch eine Erweiterung ein, als die granitischen Pegmatite des Fichtelgebirges durch ihr geologisches Vorkommen und durch die prachtvolle Entwicklung ihrer eigenartigen Mineralparagenesis[2]) gesondert behandelt werden sollen.

Der normale Typus mit meist tonerdereichen Silikatmineralien tritt uns am schönsten in den Pegmatiten von Irchenrieth bei Weiden mit ihren oft kopfgroßen und zum Teil recht gut ausgebildeten Granatkristallen (vorherrschend Granatoëder- und Ikositetraëderflächen) und am

[1]) A. Wurm, Über die neu aufgedeckten Erbendorfer Blei-Zinkerzgänge usw. Geognost. Jahreshefte XXXIV (1921) S. 103.

[2]) Paragenesis, Paragenese, para, gr. = neben, genesis = Werden; Gesetzmäßigkeit im Bildungsprozeß der Mineralien einer Minerallagerstätte.

Dillenberg bei Neualbenreuth (Hochwald und Streicherrangen) entgegen, wo nur hin und wieder etwas Granat oder Turmalin, wohl aber häufiger schön ausgebildeter Andalusit (manchmal auch verglimmert) und Pinit zu finden sind.[1])

Unter ganz ähnlichen Verhältnissen findet sich der Andalusit noch am Katharinenberg und bei Wintersberg bei Wunsiedel.

Weitaus am vielseitigsten und schönsten sind aber die **Phosphatpegmatite**[2]) des Oberpfälzer Waldes bei Hagendorf unfern Pleystein, am Kreuzberg in Pleystein (Abb. 8, S. 37), bei Wildenau-Plößberg und Marchaney bei Tirschenreuth entwickelt, wo durch Gewinnung von Feldspat und Schottermaterial gute Aufschlüsse geschaffen wurden. Kaum kristallisiert, sondern meist in derben Massen finden sich als ursprüngliche Pegmatitmineralien häufig die wasserfreien Phosphate Triplit (Hagendorf, Pleystein, Wildenau-Plößberg), Triphilin (Hagendorf), Manganfluorapatit (Hagendorf) und seltener der Triploidit (Hagendorf). Von den sekundären, wasserhaltigen und meist gut kristallisierenden Phosphaten verdienen in erster Linie Erwähnung die schönen Vorkommnisse von Strengit, Phosphosiderit (Kreuzberg in Pleystein, in bescheidener Form auch in Hagendorf und Wildenau-Plößberg), ferner Apatit (Hagendorf), Kraurit und Beraunit (Pleystein, Hagendorf, Wildenau-Plößberg), Vivianit (Hagendorf, Marchaney) und als Seltenheiten Phosphophyllit, Phosphoferrit, Fairefieldit (Hagendorf), Kakoxen (Hagendorf, Pleystein), Kreuzbergit (Pleystein), Heterosit und Purpurit (Hagendorf). Die seltenen Elemente endlich sind im Beryll (große Kristalle in Wildenau-Plößberg), Niobit (Hagendorf, seltener am Kreuzberg und bei Wildenau) vertreten. Hiezu kommen dann noch einige sulfidische Erze wie Zinkblende und Schwefelkies (Hagendorf) und Arsenkies (Wildenau-Plößberg). Der Pegmatit von Marchaney nimmt insoferne eine Zwischenstellung ein, als er neben den Phosphaten Triplit und Vivianit noch Turmalin und Mineralien aus dem Nebengestein, wie Sillimanit, Staurolith, Granat führt. Die Beryll- und Rutilvorkommen aus der Gegend von Bärnau, das von Uranglimmer und Turmalin bei Beidl und der Niobit und Beryll des Pegmatitganges an der Sägmühle bei Tirschenreuth deuten übrigens darauf hin, daß ähnliche Pegmatite in der Gegend von Tirschenreuth auch verbreitet sind.

Von den Pegmatiten des Oberpfälzer Waldes, welche durchgehends injizierte Schiefer (Gneis) gang- oder stockförmig durchsetzen, sind schon durch ihr geologisches Auftreten diejenigen des Fichtelgebirges scharf unterschieden. Diese setzen fast ausnahmslos in den Lithionitgraniten auf und bilden hier, durch umfangreichen Bruchbetrieb weitgehend aufgeschlossen, meist große Schlieren oder Nester, die durch die intensive Wirkung der pneumatolytischen Mineralbildner eine prachtvolle Entwicklung von Drusen mit klaren, schöngefärbten, flächenreichen, aufgewachsenen Kristallen als hervorstechendes Charakteristikum aufweisen. Aus früherer Zeit schon sind die schönen Turmaline aus den Pegmatiten der Umgebung von Selb bekannt und in neuerer Zeit sind der Epprechtstein, Lehstenberg, Waldstein (Reinersreuth) und Rudolphstein, der Fuchsbau bei Leupoldsdorf und Gregnitzgrund bei Nagel zum Dorado für Mineralogen und Sammler geworden.[3]) In den pegmatitischen Drusen dieser Granite erscheint von den eigentlichen Pegmatitmineralien der Orthoklas in großen, scharf umgrenzten, einfachen Kristallen, häufiger aber in Karlsbader- oder Bavenoër- und seltener in Manebacher-Zwillingen, der Quarz sowohl als Bergkristall wie in besonders großen Individuen des Rauchtopases. Der kleinblättrige Mus-

---

[1]) H. Laubmann und A. Cathrein, Über Cordierit-Pinit vom Dillenberg im ostbayerischen Grenzgebirge. Neues Jahrb. f. Min. usw. 1911 Bd. II, S. 11.

[2]) H. Laubmann und H. Steinmetz, Phosphatführende Pegmatite des Bayer. und Oberpfälzer Waldes. Ztschft. f. Krist. Bd. 50, S. 523 n. F.

[3]) F. von Sandberger, Über Lithionitgranite mit besonderer Berücksichtigung auf jene des Fichtelgebirges usw. Sitzungsber. d. bayer. Akad. d. Wiss. mathemat.-physk. Klasse, 1888. Bd. XVIII. S. 423 u. f.

V. Dürfeld, Die Drusenminerale des Waldsteingranites im Fichtelgebirg. Zeitschrft. f. Krist. usw. XLVI. S. 4. u. f. u. XLVII. S. 242.

K. Mieleitner, Über einige Mineralien vom Fuchsbau und der Gregnitz im Fichtelgebirge. Ztschft. f. Krist. usw. Bd. LVI. S. 90 u. 94.

kovit tritt mehr zurück, während der Zinnwaldit durch die Häufigkeit seines Vorkommens in großen pseudohexagonalen Tafeln oder blumig-blättrigen Aggregaten auffällt, ebenso wie der Turmalin, der in Einzelkristallen mit Endigungen, wie besonders als büschelförmiger Schörl und in Turmalinsonnen zu finden ist. Von späteren Bildungen, zu denen auch Nadelturmalin gehört, sind am häufigsten Albit, in Zwillingen gesetzmäßig orientiert auf dem Orthoklas weitergewachsen und der für unsere Pegmatite charakteristische Gilbertit, gelblichgrüne bis gelblichweiße Täfelchen, die auf Zinnwaldit und den älteren Pegmatitmineralien sitzen. Gut kristallisierter, graugrüner Apatit in dicktafeliger oder prismatischer Ausbildung, lichtvioletter-grünlichgrauer Flußspat in einfachen wie flächenreichen Einzelkristallen, flächenreiche Topase von oft recht ansehnlicher Größe (besonders Fuchsbau, Epprechtstein und Reinersreuth, in Körnern auch am Rudolphstein) und die seltenen Mineralien Herderit, Euklas (Epprechtstein, Reinersreuth) und Phenakit (Gregnitzgrund) reihen sich als vielbegehrte Vorkommnisse an. Als jüngste Bildungen sind wohl Kalk- und Kupferuranglimmer (Epprechtstein, Rudolphstein und besonders Fuchsbau) und Hyalit (ebenda) zu betrachten und das allerdings sehr spärliche Vorkommen von Nadelzinnerz (Epprechtstein), kristallisiertem Zinnstein (Epprechtstein, Fuchsbau), Wolframit (Epprechtstein) und Arsenkies (Fuchsbau) bringt diese Pegmatite mit den pneumatolytischen Zinnerzgängen des Fichtelgebirges in Verbindung.

Zwei Pegmatite zählen in Bezug auf geologisches Vorkommen und Mineralführung nicht zu den typischen Fichtelgebirgpegmatiten. Es sind dies eine schon wieder verfallene Feldspatgrube bei Garmersreuth westlich von Arzberg, wo der Pegmatit im Redwitzit (Syenit, Hornblendegranit) aufsetzt und die Pegmatitgänge von Weißenstein bei Stammbach und nördlich von Gefrees, die im Eklogit resp. Hornblendeschiefer auftreten. Dort findet sich neben schönen Bergkristalldrusen, Rauchtopas und schön kristallisiertem Albit und Epidot auf dem Orthoklas sitzend, hier das bekannte Vorkommen von Zoisit resp. Malakolith, die massenhaft in stengeligen Individuen auftreten.

In engen genetischen Beziehungen zu den Pegmatiten der Lithionitgranite des Fichtelgebirges stehen, wie schon erwähnt, die **Zinnerzgänge** von Schönlind-Weißenhaid bei Weißenstadt, die schon im Mittelalter Gegenstand eines blühenden Bergbaues, später aber ganz verfallen waren. Sie setzen nach neueren Feststellungen[1]) im Granit auf, der die eigenartige, tiefgehende Veränderung der Granite der Zinnerzgänge zeigt und auch die hiefür charakteristischen Leitmineralien, wie Flußspat, Topas, Wolframit, Arsen- und Schwefelkies und Gilbertit, führt. Das Zinnerz hat sich in Putzen oder Linsen meist am Kontakt mit dem Gneis angereichert, wo es dann in kleinen Körnern oder Zwittern, hin und wieder auch in größeren derben Aggregaten erscheint. Die im Gehängeschutt des zentralen Fichtelgebirges weitverbreiteten Zinnerzseifen (Seehaus, Farnleite, Rudolphstein u. s. w.) finden dadurch ihre naturgemäße Erklärung, besonders da sich in den Seifengeröllen und der angereicherten Zinnseife zum Teil die Gesteine und Mineralien der Zinnerzgänge wiederfinden.

Ein weiteres, stets genanntes gangförmiges Zinnerzvorkommen ist das von Büchig bei Hirschberg a. d. Saale im Vogtland. Unsere Kenntnis hierüber gründet sich lediglich auf berggeschichtliche Aufzeichnungen und da Belege und Untersuchungsmaterial zu einer Beurteilung der Lagerstätte bis heute fehlen, kann über das Zinnerzvorkommen selbst nichts berichtet werden.

Zu den ältesten Bergbauen des Fichtelgebirges gehören die schon im Mittelalter mit wechselndem Glücke abgebauten **Gold- und Antimon-führenden Gänge** von Brandholz bei Goldkronach.[2]) Sie setzen im kambrischen Phyllit (nach C. W. Gümbel Phykodenschiefer) oder wie die Grube Silberne Rose im Diabasmandelstein auf. Als Gangart bricht neben Trümmern von Tonschiefer hauptsächlich Quarz mit wenig Kalk- und Braunspat, seltener wohl auch etwas Schwerspat. Die Erzführung besteht entweder aus Gold-haltigem Arsen- und Schwefelkies (Fürstenzeche), die meist körnig oder in kleinen Kristallen auftreten oder aus derbem, großblättrig-strahligem oder feinkörnigem

[1]) H. Laubmann, Die Zinnerzlagerstätten des Fichtelgebirges. Geogn. Jahresh. XXXVII (1924). — F. Mayer, Zur Geschichte des Zinnbergbaus im Fichtelgebirge. Jahrg. 34 des Bayerlandes. S. 283.

[2]) F. v. Sandberger, Über die Erzlagerstätten von Goldkronach bei Berneck im Fichtelgebirge. Sitzungsber. d. Bayer. Akad. d. Wissenschaft. mathemat. physk. Kl. Bd. XXIII (1894) S. 231.

Antimonglanz (Silberne Rose, Schickung Gottes), der recht selten auch in wohlausgebildeten spießigen Kristallen vorkommen kann, wozu sich nicht gerade häufig derber Bleiglanz und ebensolche braungelbe Zinkblende gesellen. Als Neubildungen stellen sich, in drusigen Höhlungen auf Antimonglanz ausgeschieden, gelber erdiger Antimonocker, farblose Kristallbüschel von Antimonblüte und gediegen Antimon ein. Von mineralogischen Seltenheiten beobachtet man hin und wieder derb oder in meist vereinzelten Kristallen den Plagionit, langgestreckte, schilfähnlich gestreifte Säulen des Meneghinites, haarförmige bleigraue Kriställchen von Federerz und dunkelrote Überzüge von Zundererz, wie sie meist auf oder neben dem Antimonglanz sitzen.

In allerneuester Zeit werden die Gold-führenden Quarzgänge, die in früherer Zeit jedenfalls auch das Edelmetall für die Goldseifen am Zoppatenbach lieferten und in denen verschiedentlich auch Freigold in Körnern und Blättchen festgestellt wurde, abgebaut.

Die **kristallinen Kalke des Fichtelgebirges,** die in der Phyllitzone den Granitkontakt zu beiden Seiten des Kösseinestockes begleiten — auf dem Nordflügel vom Weiler Eulenlohe über Furthhammer—Wunsiedel—Sinatengrün—Göpfersgrün—Thiersheim—Stemmas—Hohenberg und auf dem Südflügel von Ebnath über Riglasreuth—Neusorg—Pullenreuth—Waltershof—Marktredwitz—Arzberg bis gegen Schirnding — sind durch Bruchbetrieb weithin aufgeschlossen und regen durch ihre Mineralführung, durch ihre vielfache Dolomitisierung und zwischengelagerten Eisenerzbildungen und besonders durch die Zeugen intensiver geologischer Prozesse, die Specksteinbildung und Chloritisierung des Granites, zu mannigfachen interessanten Beobachtungen an. Die für den kristallinen Kalk typischen Kontaktmineralien sind in mehr oder weniger guter Ausbildung allenthalben zu finden, so der Phlogopit (Wunsiedel, Sinatengrün), Forsterit allerdings meist schon serpentinisiert und dann als Ophikalzit (Wunsiedel, Sinatengrün, Stemmas), kugeliger Graphit (Wunsiedel, Sinatengrün), Tremolit (Sinatengrün, Stemmas, Thiersheim), Strahlsteinartige Hornblende (Wunsiedel, Sinatengrün), Turmalin (selten bei Wunsiedel), Flußspat (Wunsiedel, Kalkhäusel bei Schindellohe), Diopsid und Zoisit (Seltenheiten von Wunsiedel—Holenbrunn) und von sulfidischen Erzen Magnetkies (Wunsiedel, Sinatengrün), Schwefelkies (Wunsiedel, Arzberg), Bleiglanz (Sinatengrün, Redwitz), Zinkblende (Redwitz), Arsenkies (Wunsiedel, Redwitz, Neusorg) und Kupferkies mit seinen Zusetzungsprodukten Malachit und Kupferlasur (Sinatengrün).

In den dolomitischen Partien des Kalkgesteines, die besonders schön in den Aufschlüssen an der Chamottefabrik und am Strählerberg bei Marktredwitz wie auch am Bahnhofe bei Holenbrunn und bei Göpfersgrün zu verfolgen sind, finden sich auf Klüften überall die sattelförmig gekrümmten Rhomboëder des Bitterspates, in Höhlungen die tuff- und tropfsteinartigen Absonderungen des Kalkes und in Drusen besonders schön die Neubildungen von Kalkspat (Rhomboëder, Skalenoëder und Kombination beider), Bergkristall und in einfachen und kombinierten Formen Pseudomorphosen von Limonit nach Schwefelkies.

Die konkordant zwischen kristallinem Kalk und Phyllit eingelagerten **Eisenerzlinsen,** wie sie hauptsächlich an der Eulenlohe bei Tröstau, bei Pullenreuth und bei Arzberg früher abgebaut wurden, sind metasomatische Bildungen, die als ursprüngliches Erz einen dichten oder kleinkristallinischen, traubigen und manganhaltigen Spateisenstein führen, der in den oberen Teufen in Brauneisenstein umgewandelt ist und dann dessen Ausbildungsformen (Glaskopf, Pecherz, Toneisenstein) aufweist. Zu ihm kommt dann noch eine Reihe Mineralien des Eisernen Hutes, wie Manganspat, Pyrolusit, Psilomelan, Wad, Bleiglanz, Zinkblende, Arsen- und Schwefelkies und der aus dem kristallinen Kalk stammende Tremolit.

Ähnliche Einlagerungen von Spat- resp. Brauneisenstein im Phyllit treten auch am Mittelberg bei Warmensteinach auf. Man findet dort als Gangart Flußspat, der ehedem auch abgebaut wurde, und die genetisch sehr interessanten Pseudomorphosen von Brauneisenstein nach Spateisenstein.

Längs des Granitkontaktes erstreckt sich von Göpfersgrün bis etwas über Thiersheim hinaus auch das bekannte **Specksteinvorkommen des Fichtelgebirges,** das einerseits von Granit und Phyllit, andererseits von Dolomit-Kalkgesteinen eingeschlossen ist. Es verdankt seine Entstehung einem energisch wirkenden geologischen Prozeß, der Talkbildung, die den Granit selbst, sowie alle anliegenden Gesteine, also auch den Phyllit, die Schiefer, den kristallinen Kalk und

Dolomit in das Magnesiasilikat umgewandelt hat, denn nur so ist das Auftreten von Speckstein mit der Struktur des Granites, Phyllites, der Schiefer und von Kalk und Dolomit erklärlich. Den gleichen Neubildungsprozeß unterlagen auch die kristallisierten Einschlußmineralien des Kalkes und Dolomites und gaben so Veranlassung zur Entstehung der interessanten Pseudomorphosen von Speckstein nach Kalkspat, Bitterspat, Quarz und Tremolit, durch die das Specksteinlager von jeher rühmlichst bekannt ist.

Ein ähnlicher Umbildungsprozeß, die **Chloritisierung des Granites,** bei dem das Gestein in grüne, sich fettig anfühlende Massen verwandelt wird, begleitet zum Teil die Specksteinbildung in den Göpfersgrüner Gruben. Instruktiver ist er in dem aufgelassenen Kalkbruche bei Stemmas und besonders am Strählerberge (Miedelmühle) bei Marktredwitz zu verfolgen[1]), wo der Kristallgranit völlig in diese grünliche bröckelige Masse, ein Gemenge von Chlorit mit mehr oder weniger Serizit, verwandelt ist. Die Feldspateinsprenglinge finden sich dann als Pseudomorphosen von Chlorit nach Feldspat wieder. Ähnliche Bildungen finden sich auch zwischen Tirschenreuth und Pirk.

Die Einlagerungen von kristallinem Kalk im Phyllit der Gegend von Wunsiedel werden am Granitkontakt recht häufig in Putzen und Lager von **Kalksilikatfels** verwandelt. Derartige Bildungen die man früher als Erlan bezeichnete, zeigen sich bereits bei Mehlmaisl und Mitterlind bei Nagel, an der Acherwiese bei Schönbrunn, Göringsreuth bei Wunsiedel und sind am schönsten am Bahnkörper der Linie Holenbrunn — Selb zwischen Holenbrunn und Sinatengrün aufgeschlossen. In diesen sonst dichten Kalksilikatfelsen[2]) treten gut kristallisierte Mineralien nur selten und dann nur bei drusiger Entwicklung des Gesteins auf und so wären hier nur die zwar interessanten, aber nicht gerade augenfälligen Vorkommnisse der Acherwiese,[2]) Topazolith, Diopsid, Epidot, Albit und Prehnit und das altbekannte Vorkommen von Vesuvian am Otterbühl bei Göpfersgrün[2]) zu erwähnen, der sich dort meist in derben Massen, doch vielfach auch in zu Drusen vereinigten prismatischen Kristallen findet. In den letzteren hat sich auch rauchgrauer Klinozoisit angesiedelt. Ähnliche, wenn auch durch das Fehlen von kristallinem Kalk nicht so übersichtlich gelagerte Verhältnisse wurden im Oberpfälzer Wald bei Groß-Klenau unweit Tirschenreuth und am Rehbühl und in der Steinach bei Pleystein[2]) beobachtet, wo von den Silikatmineralien besonders der Granat als Granatfels (Groß-Klenau, Steinach) und auch in schönen Einzelkristallen (Rehbühl), gut kristallisierter Vesuvian (Rehbühl, Steinach), kurzprismatischer, grüngefärbter Diopsid (Steinach) und farbloser oder rauchgrauer Klinozoisit in spießigen Kristallen zu erwähnen sind. Als Seltenheit erscheinen in den Kalksilikatfelsen von Groß-Klenau und Steinach dann noch eingewachsene Individuen oder Fetzen von Scheelit.

Zu den bekanntesten Mineralien des Fichtelgebirges zählt der Eisenglimmer, der am schönsten in den **Eisenglimmer-führenden Quarzgängen** am Gleisingerfels und den analogen Gängen in der Umgegend von Fichtelberg vorkommt, die sich in nördlicher Richtung bis Leupoldsdorf und Vordorf und südlich über den Steinwald hinweg bis in den Oberpfälzer Wald (Krähenhaus bei Plößberg) verfolgen lassen. Die Quarzgänge setzen bei Fichtelberg in dem stark kaolinisierten, serizitisierten, chloritisierten und zum Teil in Epidot umgewandelten Steinachgranit auf, der an den Salbändern auch hin und wieder Flußspat führt, und sind wie die Zinnerzgänge als pneumatolytische Bildungen aufzufassen. Das Mineral selbst findet sich vorherrschend in großblätterig-krummschaliger Form und nur ab und zu zeigen sich Übergänge in dichtes Roteisenerz. Es ist fast stets von Schwefelkies begleitet.

---

[1]) H. Stadlinger, Über die Bildung von Pseudophit in granitischen Gesteinen usw. Inaug.-Dissert. d. Universität Erlangen. Erlangen 1900. — H. Laubmann, Studien über Mineralpseudomorphosen. I. Mitteilg. Neues Jahrb. f. Min. Jahrg. 1921. Bd. I. S. 16 u. f.

[2]) P. Aust, Beiträge zur Kenntnis der metamorphen Kalke des Fichtelgebirges. Inaug.-Dissert. d. Univ. Erlangen 1896. — H. Laubmann, Über Kalksilikatfelse aus dem Fichtelgebirge Zentralblatt f. Min. usw. Jahrg. 1916. — E. Düll, Gesteine u. Mineralien der Acherwiese bei Schönbrunn im Fichtelgebirge. Beilage zum 8. Jahresbericht d. kgl. Luitpold-Kreisrealschule in München. — W. Seyfart, Der Egeran und die ihn begleitenden Kontakterscheinungen von Göpfersgrün und Haßlau. Geognost. Jahreshefte XXI. (1908) S. 97). — H. Laubmann, Über einige Kalksilikatfelse des Oberpfälzer Waldes. Geognost. Jahreshefte XXIX/XXX. (1916/17) S. 307.

An sonstigen Eisenerzen sei noch der schön irisierende, traubige oder drusige Brauneisenstein vom Teichelrang bei Mitterteich erwähnt, der sich in Putzen und Nestern eines Quarzitschiefers abgelagert hat. Das ursprüngliche Erz ist hier ein körniger Schwefelkies, der bei seiner Vitriolisierung Brauneisenstein, der auch in Roteisenstein übergehen kann, liefert. Die Schwefelsäure ist dann Veranlaßung zur Bildung von Schwerspat, der in kleintafeligen Kristallen im Nebengestein hin und wieder anzutreffen ist. Ferner die Gänge von Naila und Joditz-Siebenhitz bei Hof, die als Fortsetzung der Stebener Gänge in unser Gebiet übergreifen. Beide stellen, wie die öfter auftretenden Pseudomorphosen von Brauneisenstein nach Eisenspat dartun, gangförmige Vorkommen von Spateisenstein dar, die bei Naila vorherrschend im Kulm, bei Joditz aber im Diabas und Schalstein aufsetzen. Das Haupterz ist Brauneisenstein, der ab und zu etwas Kupferkies führt und der besonders auf dem Joditz-Siebenhitzer Gang schön faserig oder als Glaskopf ausgebildet ist, wo er zu dem noch Psilomelan und als Seltenheit Pseudomalachit in grünen, strahlig-traubigen-kristallinischen Massen führt. Die vielfach starke Verkieselung der Erze zeigt sich an den schönen, nierenförmigen Chalzedonvorkommen von Siebenhitz.

Von diesen gangförmigen Eisenerzvorkommen, wie sie dem alten Stebener Bergrevier eigen sind, unterscheidet sich als typische Kontaktlagerstätte die ehemalige „Wunderbare Vorsorge Gottes" Fundgrube an der Brandleite bei Tiefengrün, die in den kambrischen Phylliten am Kontakt des Hirschberger Gneises aufsetzt. Die Gangmasse besteht hier aus Granat- resp. Kalksilikatfels und das Erz ist blätterig-schaliges Magneteisen und schuppiger bis körniger Eisenglanz, in dem häufig noch Nester von kleinkristallisiertem Magneteisen sitzen. Als merkwürdige Bildung treten hier die langprismatischen oder die stengelig-büschelig ausgebildeten Pseudomorphosen von Eisenglanz und Quarz nach Pyroxen auf.[1])

Von den Serpentinen des Oberpfälzer Waldes, die bei ihrer weiten Verbreitung (Murach und Gutenfürst bei Oberviechtach, Schönsee und Eslarn, in der Gegend von Vohenstrauß, Waldau und Waldthurn, bei Haupnersreuth und Floß usw.) leider sehr wenig aufgeschlossen und als Minerallagerstätten daher kaum erforscht sind, macht nur der Serpentin von Plern-Erbendorf-Grötschenreuth eine Ausnahme. Das Gestein führt dort (besonders am Föhrenbühl) reichlich Bänder von kleinkörnigem Magneteisen und Nester von dichtem Topfstein, der industriell ausgebeutet wird, während die bekannten Erbendorfer Vorkommnisse von kristallisierten Magneteisen, Magnesit, Braunspat und Strahlstein in dem anliegenden Chloritschiefer (besonders bei Plern) zu suchen sind. Unverhältnismäßig mehr bieten dem Mineralogen die **Serpentine des Fichtelgebirges,** die sich längs des Südostrandes der Münchberger Gneisplatte vom Haidberg bei Zell über Förbau—Schwarzenbach a. Saale—Schwingen bis Wurlitz bei Rehau verfolgen lassen und zum Teil durch Bruchbetrieb recht gut aufgeschlossen sind. Auch hier zeigen sich wieder häufig Einlagerungen von Topfstein und in der Zone der dunklen Schiefer solche von Chlorit und das Magneteisen, das in Schnüren den Serpentin des Haidberges durchzieht und die stark attraktorische Eigenschaft des Berges verursacht, tritt anderen Ortes (Wurlitz) in kleinen Einzelkristallen auf. Von den übrigen charakteristischen Serpentinmineralien, die sich in reicher Abwechslung meist auf dem zerklüfteten Gestein angesiedelt haben, sind am bekanntesten der Topazolith in schönen Einzelkristallen (Wurlitz, weniger gut Haidberg), ferner Quarz in kristallisierter Form wie als traubiger Chalzedon (Wurlitz), Kalkspat (Wurlitz), Hornblende, als stengeliger Strahlstein (Haidberg, Wurlitz) oder feinfilziger Asbest (Schwarzenbach), Nester eines salitartigen blätterigen Pyroxens (Wurlitz), hin und wieder derbe, gelblich weiße Massen von Meerschaum (Wurlitz) und von sulfidischen Erzen besonders häufig Schwefelkies, der in Würfeln des frischen Minerals und verrostet als Pseudomorphosen von Limonit vorkommt (Schwarzenbach), oder als kupferhaltiger Kies Veranlaßung zu Malachitüberzügen gibt (Wurlitz), und schließlich als Seltenheit haarförmige Nadeln von Millerit (Wurlitz). In manchen dieser Serpentine treten Eruptivgesteine gangförmig auf. So in Wurlitz der Gabbro, sogen. Wurlitzit, der durch eine weitgehende Saussuritisierung seinerseits wieder Träger einer

---

[1]) H. Laubmann, Studien über Mineralpseudomorphosen. II. Mittlg. Neues Jahrb. f. Min. usw. 1921. Bd. II. S. 44.

interessanten Mineralgesellschaft wird und wo dann Mineralien wie Pyroxen, Zoisit, Klinozoisit, Prehnit, weißer und hellbräunlicher Granat, Vesuvian in derben wie kristallisierten Individuen oft recht augenfällig in die Erscheinung treten. Oder am Burgstall bei Förbau, wo ein Band von Kalksilikatfels, speziell Vesuvianfels, sich in dem leider schon sehr verfallenen Aufschluß immer noch deutlich verfolgen läßt.[1])

Die hochentwickelte bayerische Basaltindustrie schuf im Oberpfälzer Wald und Fichtelgebirge eine Reihe interessanter Aufschlüsse, deren Besuch stets zu den dankbarsten Exkursionen in dieser Gegend zählt. Die **Basalterhebungen** beginnen mit dem Rauhen Kulm und erstrecken sich von da aus in nordwestlicher Richtung über den Armansberg, längs des Steinwaldnordwestrandes über den Reichsforst zwischen Marktredwitz und Arzberg über Hohenberg hinaus bis tief in das böhmische Mittelgebirge und haben zum Teil Keuper, zum Teil das kristalline Gebirge durchbrochen. Der Basalt selbst ist entweder Feldspatbasalt (Triebendorf bei Wiesau, Steinmühle bei Waldsassen, Parkstein bei Weiden, Weidersberg bei Brand unterhalb Marktredwitz) Nephelinbasalt (Groschlattengrün bei Marktredwitz, Silberrangen bei Groschlattengrün, Rauher Kulm und Kühhübel bei Neustadt am Kulm) oder ein Nephelin führender Feldspatbasalt wie am Steinwitzhügel am Armansberg bei Immenreuth. Das Gestein ist durchgehends sehr reich an Einschlüssen, von denen in erster Linie die aus den durchbrochenen Schichten stammenden hervortreten, so mehr oder wenig veränderter Granit, gefritteter Sandstein und der daraus erschmolzene Porzellan- oder Basaltjaspis (Kühhübel, Parkstein) und gefritteter Phyllit.[2]) Zu den sogenannten Ureinschlüssen gehören ferner der überall weit verbreitete Olivin, frisch oder bereits stark verändert und dann als Iddingsit bezeichnet (frisch besonders in Groschlattengrün, sonst Weidersberg, Steinwitzhügel) und die Einsprenglinge und Bomben von Pyroxen (erstere besonders Weidersberg, letztere am Silberrangen). Von den mannigfachen Neubildungen sind besonders nennenswert Kalkspat (Groschlattengrün, Triebendorf, Weidersberg), Aragonit in kugelig-traubiger oder radialstrahlig-spießiger Ausbildung (Triebendorf und Weidersberg, in den Tufflagen am Silberrangen besonders schöne große Geoden), Eisenspat in dichten kristallinischen Massen (Triebendorf), die Zeolithe Phillipsit und Natrolith (Groschlattengrün, selten in Triebendorf, am Steinwitzhügel und am Kühhübel als Mandelsteinfüllung), ein Speckstein-ähnliches, früher Malthazit genanntes Mineralgel, der Magnalit (Groschlattengrün, Weidersberg), das hie und da auch in Begleitung des Phosphorites auftritt (Triebendorf, Steinmühle, Steinwitzhügel) und der Phosphorit selbst, wie er sich als Ausfüllung zwischen den Basaltkörpern plattig, knollig oder im Tuff als Versteinerungsmittel von Hölzern mehr oder weniger rein, aber immer als thermale Bildung abgesetzt hat (Groschlattengrün, Triebendorf mit seinen phosphoritisierten Hölzern, Steinmühle, Steinwitzhügel). Eine analoge Bildung sind auch die verschiedenen Formen von Kieselsäure, die sich als Kieselsäuregel, als verkieseltes Holz oder als Halbopal besonders schön im Tuffkegel des Triebendorfer Bruches und als besonders schönes Hyalitvorkommen am Steinwitzhügel fanden und zum Teil noch finden.

Eine Reihe interessanter **Mineralvorkommen** hat sich **auf den Klüften** basischer Eruptivgesteine und deren Umwandlungsprodukten, den Eklogiten und Amphiboliten, angesiedelt; ihre jüngsten Bildungen werden meist durch Zeolithe repräsentiert. So treten im Diabas des Labyrinthberges bei Hof und von Haidt unfern Hof, teils derb, teils kristallisiert, Kalkspat, Quarz, Epidot und Asbest auf. Letzterer bildet dann in inniger Verwachsung mit Pyroxen den Prasem, mit Quarz das seit langer Zeit von diesem Fundorte und Gumpenreuth bekannte und als Halbedelstein geschätzte Katzenauge. Im gleichen Gestein finden sich am Kienberg bei Haidt und am Heiligen Grab bei Hof Analcim und auf den mit Quarz, selten auch mit Adular ausgekleideten Klüften des Schalsteines im Feilitzschholze bei Hof Anataskriställchen. Im Bereiche des Eklogites von Silberbach—Eppenreuth treten Cyanit (in Talk umgewandelt bei Wustuben), Desmin

[1]) Michael, Saussuritgabbro des Fichtelgebirges. N. Jahrb. f. Min. 1888. Bd. I. S. 35 u. f. — H. Laubmann, Die Minerallagerstätten der Serpentine des Fichtelgebirges. Wird im Jahrgang 1925 der Geognost. Jahreshefte erscheinen.

[2]) Stephan Richarz, Die Basalte der Oberpfalz. Ztschft. d. Deutsch. geolog. Ges. 1920 Bd. 72. S. 1 u. f. Weitere Literatur siehe dort.

und Stilbit auf und in Klüften des Hornblendeschiefers von Schlegel bei Münchberg schön kristallisierter Strahlstein, von Friedmannsdorf bei Münchberg neben Asbest und Apatit Prehnit und Heulandit und in demjenigen von Kleinlosnitz ebenfalls bei Münchberg neben klein aber schön kristallisierten Epidot und Albit noch Desmin. Ein ähnliches Vorkommen scheint auch dasjenige von besonders schön kristallisiertem Epidot im Diorit (resp. Hornblendegranit oder Redwitzit) vom St. Nikolausberg bei Floß und Seußen bei Arzberg (hier neben Epidot auch Stilbit), im Granit der Gegend von Fichtelberg und besonders Tirschenreuth (Leugas, Auerberg, Liebenstein), des Großmisselberges bei Grafenau zu sein.

Von besonders auffallenden **Einzelvorkommnissen** die in unserem mineralreichen Gebiet eine so häufige Erscheinung sind, seien die bekannten, zum Teil sehr flächenreichen Orthoklase (einfache und Zwillingskristalle) aus dem Kristallgranit der Gegend von Tirschenreuth, Marktredwitz, von Neubau nnd Silberhaus bei Fichtelberg besonders erwähnt. Häufig sind auch Anreicherungen von Granat im Glimmerschiefer bei Oberkotzau und besonders vom schwarzen Teich am Dillenberg. Neuerdings fanden sich gut ausgebildete Gipskristalle von recht ansehnlicher Größe in der jungen Braunkohle, die unterhalb Schirnding bei Arzberg vorübergehend abgebaut wurde. Allbekannt ist auch das typische Vorkommen des Chiastolithes im kontaktmetamorphen Tonschiefer des Schamlesberges bei Gefrees, von Güttern bei Fuchsmühl und Großensees zwischen Tirschenreuth und Mitterteich. Das Mineral ist jedoch meist schon stark verglimmert.

Es wurden in freundlichster Weise zur Verfügung gestellt folgende Zinkstöcke: zu Abb. 2 vom Verlag „Natur und Kultur“, München, zu Abb. 12 von Herrn Landesgeologen Dr. Lothar Reuter und zum Kärtchen S. 29 von der Leitung der Geologischen Landesuntersuchung von Bayern.

Ortsverzeichnis

zur Abteilung V.

F.

G.

H.

I, J.

6

W.

X, Y, Z.

Universitäts-Buchdruckerei von Dr. C. Wolf & Sohn in München.

www.ingramcontent.com/pod-product-compliance
Lightning Source LLC
LaVergne TN
LVHW080002031026
849161LV00026B/2979
9783486753974